ÉCHINIDES
FOSSILES DE L'ALGÉRIE

DESCRIPTION
DES ESPÈCES DÉJA RECUEILLIES DANS CE PAYS
ET CONSIDÉRATIONS SUR LEUR POSITION
STRATIGRAPHIQUE

PAR

MM. COTTEAU, PERON & GAUTHIER

PREMIER FASCICULE

ÉTAGE SÉQUANIEN

AVEC DEUX PLANCHES

PARIS
G. MASSON, ÉDITEUR
LIBRAIRE DE L'ACADÉMIE DE MÉDECINE
Boulevard Saint-Germain, en face l'École de Médecine.

1876

ÉCHINIDES
FOSSILES DE L'ALGÉRIE

DESCRIPTION

DES ESPÈCES DÉJA RECUEILLIES DANS CE PAYS
ET CONSIDÉRATIONS SUR LEUR POSITION
STRATIGRAPHIQUE

PAR

MM. COTTEAU, PERON & GAUTHIER

PREMIER FASCICULE

ÉTAGE SÉQUANIEN

AVEC DEUX PLANCHES

PARIS
G. MASSON, ÉDITEUR
LIBRAIRE DE L'ACADÉMIE DE MÉDECINE
Boulevard Saint-Germain, en face l'École de Médecine.

1876

ÉCHINIDES FOSSILES DE L'ALGÉRIE

DESCRIPTION

DES ESPÈCES DÉJA RECUEILLIES DANS CE PAYS

ET CONSIDÉRATIONS SUR LEUR POSITION STRATIGRAPHIQUE

PAR

MM. G. COTTEAU, A. PERON et V. GAUTHIER.

NTRODUCTION.

En essayant de faire connaître les richesses en Échinides fossiles que renferme le sol de notre colonie d'Afrique, nous avons entrepris une œuvre qui, nous ne pouvons nous le dissimuler, est condamnée à une grande imperfection. Dans l'état actuel de nos connaissances sur la géologie de l'Algérie, notre prétention ne peut être que d'énumérer dans ce catalogue une partie sans doute assez minime des Echinides que l'on peut trouver dans cette vaste contrée. Quand nous considérons le grand nombre d'espèces nouvelles que cinq ou six ans de recherches dans ce pays ont mises en notre possession, quand nous examinons quelles étendues de terrain sont restées jusqu'ici presque entièrement inexplorées, nous ne pouvons avoir aucun doute sur la quantité des matériaux qui resteront en dehors de notre travail. Néanmoins, tout persuadés que nous sommes de cette imperfection, qui du reste, à un degré plus ou moins élevé, est commune à toutes les œuvres de cette nature, nous entreprenons la nôtre avec confiance, car nous sommes également persuadés du réel intérêt qu'elle pourra présenter et de sa grande utilité pour la géologie de l'Algérie et pour la science en général.

L'Algérie est un pays éminemment favorisé pour les gisements d'Oursins fossiles. Presque tous les terrains en recèlent et bien souvent en quantité prodigieuse. Aucune autre classe du règne animal n'y est, à beaucoup près, aussi richement représentée ; aucune n'y est d'un aussi grand secours au géologue.

Les Céphalopodes, très-abondants parfois dans les terrains de la région du Tell, c'est-à-dire dans la première zone montagneuse, manquent au contraire absolument ou sont au moins fort rares dans les régions sahariennes et dans la chaîne des hauts plateaux. Les Brachiopodes font presque partout défaut, surtout dans les terrains crétacés. Il en est de même des Polypiers et des Bryozoaires, dont on ne trouveque des gisements pour ainsi dire exceptionnels. Les Gastéropodes et les Lamellibranches sont mieux partagés ; malheureusement ils sont souvent à l'état de moules intérieurs, et l'indécision des caractères leur enlève alors une grande partie de leur valeur comparative. Seuls, les Lamellibranches ostracés peuvent rivaliser avec les Échinides pour la variété des espèces, pour le nombre et la conservation des individus.

Déjà M. Coquand, dans sa belle Monographie des Huîtres du terrain crétacé, a fait connaître la plus grande partie des fossiles algériens de cette riche famille. Aussi les déductions que l'on peut tirer de leur examen sont déjà précieuses, et elles nous serviront souvent pour corroborer nos propres déductions tirées de la détermination des Échinides. Mais les Huîtres sont loin d'être aussi généralement réparties que les Oursins, et par cette raison leur importance est bien moindre. Certains terrains, très-riches d'ailleurs en fossiles, en sont complétement dépourvus ; je citerai comme exemples les assises si puissantes et si riches du cénomanien d'Aumale, où pas une seule Huître n'a encore été rencontrée, les couches tithoniques de l'oued Soubella, etc.

Il nous a donc paru qu'une étude sérieuse et approfondie des Oursins recueillis déjà dans les divers terrains de l'Algérie pourrait rendre des services réels et aider beaucoup à la connaissance géologique de ce pays. Une assez grande confusion y règne encore dans la classification des terrains. Des erreurs nombreuses, résultat inévitable d'explorations trop rapides, ont contribué à répandre bon nombre d'idées fausses qui sont en quelque sorte enracinées dans la science et qu'une démonstration complète et lucide pourra seule peut-être dissiper.

Notre intention, pour ces motifs, n'est pas de faire seulement une œuvre purement zoologique. La plupart de nos matériaux ayant été recueillis par nous-mêmes, bien en place dans des gisements étudiés avec soin, les faunes particulières à chaque localité et presque à chaque couche ayant été soigneusement isolées, il nous sera possible de tirer de leur comparaison des enseignements précieux pour la parallélisation des couches avec les horizons admis dans nos classifications. Nous aurons toutefois aussi à mentionner ou à décrire un grand nombre d'Oursins signalés déjà ou qui nous sont communiqués comme provenant des découvertes d'autres explorateurs. Pour ceux-là, en indiquant la station qui leur a été attribuée et en faisant connaître notre propre opinion à ce sujet, nous aurons soin de faire nos réserves et nous laisserons à nos confrères le mérite et la responsabilité de leurs déterminations et de leurs classifications.

Pour satisfaire plus facilement au double but que nous nous sommes proposé, nous avons cru devoir adopter dans notre catalogue l'ordre stratigraphique, qui aura l'avantage de dérouler en une seule fois et dans son ensemble chacune des faunes successives que nous avons remarquées. Sans doute, pour un pays aussi peu connu, où les limites des diverses formations sont encore bien indécises et les formations elles-mêmes mal définies, ce système peut avoir quelques inconvénients. Nous en avons la preuve dans les divers catalogues de fossiles algériens existant déjà, et qui, établis par terrains, sont maintenant presque tous à remanier. Mais désireux avant tout de présenter les faits dans leur réalité, nous ne craindrons pas de laisser dans le doute l'âge d'une espèce ou la place d'une assise toutes les fois qu'ils ne nous seront pas clairement démontrés. Il appartiendra alors aux explorateurs futurs de compléter notre œuvre, et, prévenus de notre incertitude, ils pourront se tenir à l'abri de l'erreur.

Ayant adopté l'ordre stratigraphique, il nous a paru naturel de décrire nos faunes successives suivant leur ordre de superposition et en commençant par les plus inférieures. En procédant ainsi, nous ne débuterons pas par la partie la plus riche de nos matériaux, mais ce ne sera pas non plus la moins intéressante, en raison des graves débats qui occupent en ce moment le monde géologique relativement aux couches limites des terrains jurassique et crétacé.

Quoique la plupart des étages adoptés en France dans la période jurassique aient été signalés sur le littoral africain, nos matériaux en Échinides jurassiques ne descendent pas plus bas que le terrain corallien supérieur ou séquanien. Les étages inférieurs, moins répandus et peu connus à la vérité, n'ont encore offert aux explorateurs que de rares fossiles et aucune espèce d'Échinides. Sans doute des recherches plus approfondies en feront connaître, car quelques-uns de ces terrains présentent un développement assez considérable.

Le lias inférieur existe avec une assez grande puissance dans les montagnes de la Kabylie orientale, où M. Brossard l'a étudié; puis dans le massif montagneux qui sépare Philippeville de Constantine. Nous l'avons nous-mêmes reconnu dans les hauts plateaux, auprès du village de l'Oued-Atmenia, entre Constantine et Sétif; mais ces gisements assez nombreux ne présentent que de très-petites Bélemnites et de petits Pentacrines en mauvais état; et je crois en résumé que l'âge de ces diverses couches n'est pas encore bien démontré (1).

Le lias moyen, dont l'existence est douteuse encore dans la province de Constantine, est bien développé au contraire dans celles d'Oran et d'Alger. Le massif de l'Ouaransenis paraît être en partie constitué par les couches de cet étage, et les fossiles assez nombreux que M. Nicaise y a recueillis ne laissent pas de doute sur l'âge qu'il convient de leur attribuer.

Le lias supérieur et l'oolithe inférieure paraissent exister dans la partie occidentale de nos possessions, vers la frontière du

(1) Ce sont sans doute ces mêmes fossiles que M. Coquand a recueillis au djebel Sidi-Cheik ben Rohou, et qu'il attribue au *Belemnites acutus* et *Pentacrinus tuberculatus*.

Maroc, mais les seuls renseignements qu'on ait à cet égard sont quelques fossiles rapportés de cette région par des voyageurs. Les étages bathonien et callovien ont été indiqués par MM. Coquand et Brossard dans les parties centrales des montagnes du djebel Chellalah, près de Batna, et du djebel Bou-Thaleb, au sud de Sétif. La position stratigraphique des couches rapportées à ces étages donne une grande vraisemblance à l'opinion de ces géologues, mais les preuves paléontologiques recueillies jusqu'ici tant par nos devanciers que par nous n'ont rien de bien concluant.

L'étage oxfordien est déjà mieux connu. Il existe bien caractérisé au-dessus des étages précédents, dans les localités sus-mentionnées, et il est en outre représenté dans l'Ouaransenis et dans la province d'Oran, où M. Ville a recueilli, près de Hadjar-Roum et de Rouban, vers la frontière du Maroc, des fossiles assez nombreux appartenant à cet horizon.

Nous n'avons recueilli nous-même aucun Oursin dans le terrain oxfordien de l'Algérie. Cependant M. Schlumberger a rencontré dans le ravin Bleu, aux environs de Batna, quelques échantillons d'un *Collyrites* que, malgré leur assez mauvaise conservation, M. Cotteau a pu reconnaître comme appartenant à l'espèce *Collyrites friburgensis,* Ooster. L'horizon de cet Oursin, qu'on retrouve en Allemagne et en Suisse à la montagne des Voirons, a été rapporté à l'étage oxfordien, mais en réalité il pourrait bien appartenir aux couches tithoniques. Comme ces dernières couches se retrouvent également en Algérie, dans le ravin Bleu où ont été recueillis les échantillons dont nous parlons, cette classification n'aurait rien d'invraisemblable. Toutefois nous avons remarqué que la gangue de ces Oursins est un grès rougeâtre, et dans le gisement indiqué ce ne sont pas les couches à *Terebratula janitor* qui ont ce caractère, mais bien les couches sous-jacentes des étages oxfordien et callovien.

Le terrain corallien supérieur est, ainsi que nous l'avons dit, le plus ancien étage bien caractérisé où nous ayons rencontré des Échinides.

Dans une notice qui a été publiée dans le *Bulletin de la Société géologique* (2e série, tome XXV, p. 600), nous avons fait connaître les divers gisements de ce terrain que nous avons pu reconnaître et explorer, et nous avons établi d'abord que ces gisements étaient évidemment contemporains les uns des autres, et en second lieu que dans chacun d'eux le groupe fossilifère rappelait exactement les couches de Tonnerre et d'Angoulins et devait être rapporté au terrain séquanien.

Nous n'avons aujourd'hui rien à changer aux conclusions de cette notice. L'étude approfondie de nouveaux fossiles et des diverses espèces d'Oursins provenant de ces terrains les confirme pleinement. Et maintenant, comme en 1867, nous ne voyons dans toutes ces couches que le représentant de notre corallien supérieur de la Rochelle et peut-être de celui de l'Échaillon, de Ganges et autres localités encore très-discutées.

Les localités qui nous ont fourni les matériaux qui font l'objet de cette première étude sont :

1° L'arête montagneuse en dos d'âne qui s'étend auprès et au sud de l'oasis de Chellalah, dans les hauts plateaux de la province d'Alger, sur les confins de celle d'Oran, entre Boghar et Laghouat.

2° Le ksar Zerguin, à l'extrémité est de ce chaînon.

3° Le petit massif du djebel Seba-Liamoun, dans le sud-ouest de la province de Constantine, entre les bivouacs d'Aïn-Rich, Aïn-Ougrab et Aïn-Mgarnez.

D'après d'autres indications, on doit encore évidemment rapporter au même terrain certaines montagnes voisines des précédentes, dans les hauts plateaux des provinces d'Alger et d'Oran, qui ont offert à M. Ville des fossiles semblables. Tels sont le djebel Recchiga, le djebel Nador, etc.

Dans la notice indiquée ci-dessus nous avons donné la description des gisements que nous connaissions déjà en 1867. Depuis, dans un quatrième voyage que nous avons fait dans la région du Liamoun spécialement pour y explorer les couches séquaniennes, il nous a été donné de reconnaître un autre petit gisement voisin du djebel Seba que nous n'avions pu explorer jusque-là. Ce nouveau gisement, qui nous a été indiqué par M. Reboud, médecin militaire, n'est situé qu'à 3 kilomètres environ à l'ouest du pic central du Seba, et ses couches en sont évidemment le prolongement. Les fossiles du reste y sont les mêmes que ceux de la montagne, mais les couches y étant en général plus marneuses, ces fossiles y sont mieux conservés et plus abondants encore. Certaines espèces, en outre, comme le *Pseudocidaris rupellensis*, sont spéciales à cette nouvelle localité.

Pour tout ce qui concerne les gisements de Chellalah, de Zerguin et du djebel Seba, je ne puis que renvoyer à la notice dont je viens de parler; mais, pour compléter les renseignements déjà contenus dans ce premier travail, il nous paraît bon de donner quelques indications sur ce dernier gisement reconnu.

Le djebel Seba-Liamoun est un pic très-remarquable situé chez les Ouled Aïssa, dans le sud de Bou-Saada, à 30 kilomètres environ au sud-ouest de la Maison de commandement d'Aïn-Ougrab. Ce point est assez facile à retrouver. Pour parvenir à l'autre gisement, il faut suivre la petite vallée qui longe la pente nord de cette montagne, franchir le premier rideau de petites collines qui l'entourent à l'ouest, et se diriger vers Aïn-Mgarnez. Quand on est à quelques kilomètres à l'ouest-sud-ouest de l'aiguille centrale, on aperçoit une petite série de couches redressées qui font saillie au-dessus des touffes d'alfa. C'est à ce point que le chemin d'Aïn-Mgarnez traverse la colline, ainsi que le ruisseau, ordinairement à sec, qui descend du nord vers la plaine d'Aïn-Rich. Tout près de là on voit un petit bassin où pendant l'hiver on trouve de l'eau douce, et c'est ce qui fait choisir cet endroit pour y établir parfois le bivouac des colonnes expéditionnaires. M. Reboud, médecin militaire, qui le premier a recueilli des fossiles dans cette localité, nous l'a indiquée sous le nom de bivouac de Makta-Liamoun, nom qu'il convient de lui conserver pour la distinguer du djebel Seba lui-même.

Les couches jurassiques de ce petit affleurement ne sont pas situées exactement sur le prolongement de celles de la montagne elle-même. Elles se trouvent un peu en dehors, au sud de l'alignement, et leur direction forme un angle considérable avec celles de l'arête principale. Elles sont, comme celles-ci, fortement redressées et plongent à 70° environ vers le sud-est. Leur composition est plus variée que dans la montagne, les couches calcaires y sont moins épaisses et au contraire les parties marneuses plus développées. Du reste la succession générale est sensiblement la même et les couches les plus inférieures sont également des grès rougeâtres et des argiles multicolores sans fossiles. Ces dernières sont sur ce point fortement déprimées, et elles dessinent une petite vallée assez profonde où passent le ruisseau et le chemin d'Aïn-Rich à Aïn-Mgarnez. Je n'ai pu du reste examiner les couches situées au delà de la rivière, celle-ci étant à ce moment très-grosse, par suite de pluies torrentielles tombées le jour même.

Près de la rivière, au bas et en dessous de la première petite colline, on aperçoit des marnes vertes dans lesquelles je n'ai recueilli aucun fossile ; puis, au-dessus, viennent quelques assises de rognons blanchâtres, et une couche calcaire un peu irrégulière, ferrugineuse par places. Cette partie est très-riche en radioles de *Cidaris glandifera*, variété allongée et subcylindrique. J'y ai trouvé également quelques autres radioles et plaquettes de *Cidaris*, le *Glypticus hieroglyphicus*, *Acrocidaris nobilis*, un Crustacé, des Polypiers, etc.

Immédiatement au-dessus, des bancs de calcaires marneux jaunâtres sont très-riches en radioles de *Pseudocidaris rupellensis ;* ces radioles bizarres se trouvent là agglomérés en grande quantité, et l'on en trouve de très-gros. Une petite assise marneuse blanchâtre qui vient ensuite m'a présenté quelques Crinoïdes et un grand nombre de Rhynchonelles, parmi lesquelles le *Rhynchonella inconstans* et une autre grande et belle espèce qui me paraît nouvelle.

Une couche calcaire qui termine cette première série est dénudée sur une assez grande surface, et forme une muraille enclavant une dépression large de quelques mètres seulement, où passe le sentier arabe qui conduit au bassin d'eau douce et au chemin d'Aïn-Rich. Le pied de cette muraille m'a présenté d'assez nombreux fossiles, Rhynchonelles et radioles, surtout de l'espèce *Cidaris cervicalis.* Le fond de la dépression est composé d'argiles verdâtres, dont la partie supérieure, sur le bord sud-ouest du petit ravin, est remplie de petits rognons ferrugineux. Le haut du talus est formé par la tranche d'une couche calcaire rognoneuse peu riche en restes organisés, mais immédiatement au-dessus viennent des calcaires très-marneux, jaunâtres, d'une richesse extraordinaire en Crinoïdes et en radioles. C'est là que j'ai principalement recueilli les radioles de *Pseudocidaris mammosa*, des *Apiocrinus*, *Pentacrinus*, *Millericrinus*, etc., etc. Quelques espèces des assises sous-jacentes, et en particulier les *Cidaris glandifera* et *Pseudocidaris rupellensis*, se retrouvent encore dans cette même zone, mais elles y sont relativement rares. De nombreux Polypiers et Spongiaires ont été également recueillis dans cette couche.

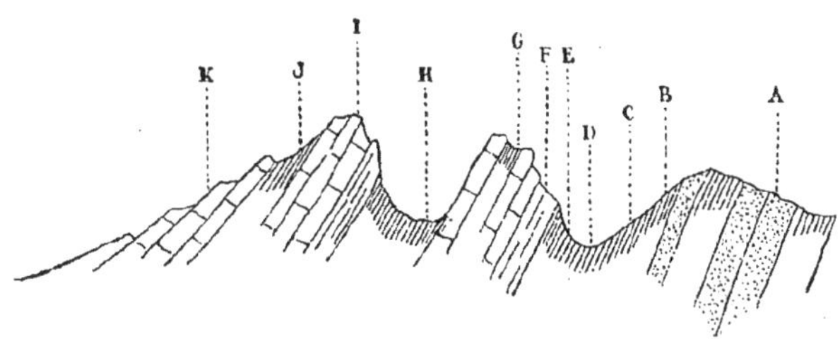

A. Grès rougeâtres alternant avec des marnes lie de vin.
B. Marnes multicolores.
C. Chemin d'Aïn-Tech à Aïn-Mgarnez.
D. Ruisseau.
E. Argiles vertes sans fossiles.
F. Rognons à *Cidaris glandifera*, *Acrocidaris nobilis*, *Glypticus hieroglyphicus*.
G. Couches à *Pseudocidaris rupellensis* et à Rhynchonelles.
H. Sentier arabe sur les argiles vertes.
I. Couches à Crinoïdes, radioles et Polypiers.
J. Argiles vertes.
K. Calcaires et dolomies supérieurs.

Au-dessus de ce niveau très-fossilifère on peut observer quelques argiles d'un gris verdâtre, puis une série de bancs calcaires très-durs, dolomitiques, qui prennent extérieurement une teinte rougeâtre, et descendent sans être recouverts jusqu'au niveau de la plaine.

Je n'ai pu retrouver dans cette partie le niveau à *Collyrites* que j'avais observé dans le massif et sur les pentes est du djebel Seba. Les derniers calcaires durs sont les seules couches qui se prolongent à l'est, dans la direction du pic, en formant une assez longue colline où les couches s'infléchissent vers le sud et vont se rejoindre avec celles de la montagne, sans en être cependant la continuation immédiate, car il est visible que vers le flanc ouest de la montagne il y a une fracture qui a déplacé les couches horizontalement.

En résumé, les nouvelles observations que nous avons pu faire depuis 1867, dans les environs du djebel Seba, n'ont, en aucune façon, modifié la manière de voir que nous avions exprimée dans notre première notice. Nous continuons à croire que les couches de cette localité ne représentent que le kimméridgien inférieur de la pointe du Ché, ou autrement dit l'étage séquanien.

Nous ne pouvons toutefois affirmer que sur quelques points on ne rencontrera pas un horizon fossilifère correspondant à notre corallien vrai, au calcaire à chailles de Chatel-Censoir et autres lieux. Peut-être les marnes multicolores et les grès rouges sans fossiles que nous avons signalés à la partie inférieure du système de Makta-Liamoun et du djebel Seba sont-ils les équivalents de ce terrain. M. Pomel, dans un ouvrage récent (1), avance que dans la province d'Oran le corallien compacte est représenté par des couches de grès atteignant 300 mètres de puissance et contenant quelques assises calcaires avec *Ceromya excentrica*, *Cidaris florigemma* et *Glypticus hieroglyphicus*. Cette observation coïnciderait assez bien avec les nôtres. Attendons donc que de nouvelles explorations nous donnent des renseignements plus complets sur les gisements de ce terrain.

A. PERON.

(1) *Le Sahara*. Alger, 1872, p. 30.

DESCRIPTION DES ESPÈCES

Collyrites Triburgensis, Ooster, 1867.

Collyrites friburgensis, Cotteau, *Paléont. franç., Echinides jurassiques*, 1867, p. 86, pl. 19.

Quelques exemplaires de cette espèce ont été recueillis dans le ravin Bleu par M. Schlumberger. Malgré leur mauvais état de conservation, ils sont facilement reconnaissables à leur grande taille, à leur aspect cordiforme et triangulaire, et surtout à leur sillon antérieur étroit et profond. L'horizon auquel ils appartenaient n'a pas été suffisamment reconnu. La couleur de la gangue, comme le dit M. Peron dans l'introduction de cet ouvrage, semble obliger à les attribuer à l'étage oxfordien ; mais la zone à *Terebratula janitor* existe dans la même localité, et c'est à cet horizon que, jusqu'à présent, l'espèce a été rencontrée en Suisse et en Savoie (1). Ce n'est donc que sous toutes réserves que nous séparons cette espèce de celles de la zone à *T. janitor*, qui seront décrites plus tard.

Loc. — Le ravin Bleu (Foum Islamem), près de Batna.

Collection Cotteau.

Collyrites Loryi, d'Orbigny, 1853.

Collyrites bicordata ? Cotteau, *Bulletin de la Société géologique*, 1869, t. XXVI, p. 530.

Les exemplaires dont il est ici question ont été rapportés avec doute, par M. Cotteau, au *C. bicordata*, Des Moulins. M. Cotteau ajoute qu'ils diffèrent par plusieurs détails du type vrai. M. Peron et moi, nous sommes d'accord pour rapporter ces exemplaires au *Coll. Loryi*. Ils en ont la taille et la forme générale ; les détails des ambulacres sont les mêmes, et la partie antérieure n'est

(1) *Echinologie helvétique*, partie jurassique, p. 376.

point échancrée par un sillon, ce qui les sépare du *C. bicordata*. Peut-être devra-t-on encore réunir à la même espèce le *C. siliceus*, Quenstedt, dont nous n'avons vu qu'un exemplaire, et qui ne nous a paru que le jeune du *C. Loryi*. M. Cotteau, revenant sur sa première opinion, a approuvé la détermination que nous donnons des exemplaires d'Algérie.

Observations. — Le *C. Loryi* a été trouvé en France dans le corallien de l'Echaillon. Nous aurons à revenir plus tard sur la présence de plusieurs fossiles algériens dans cette localité, dont le niveau stratigraphique n'a pas encore été sûrement déterminé.

Loc. — Djebel Seba. — Étage séquanien.

Collection Peron.

DYSASTER GRANULOSUS (Goldfuss), Agassiz, 1836.

DYSASTER GRANULOSUS, Cotteau, *Bulletin de la Société géologique*, t. XXVI, p. 529.

Nous rapportons à cette espèce un exemplaire unique recueilli par M. Peron. Il ne nous a point paru différer sérieusement du type. Toutefois l'aire anale postérieure est coupée un peu plus obliquement que dans les exemplaires recueillis en France.

Observations. — Cette espèce, en y réunissant le *D. anasteroides*, Leymerie, comme l'a fait M. Cotteau, occupe en Europe un vaste horizon, depuis les couches supérieures de l'oxfordien jusqu'aux argiles kimmeridgiennes; car nous l'avons recueillie à Molosme (Yonne) avec l'*Amm. Lallierianus*. M. Beltrémieux (1) la cite dans l'étage kimmeridgien du Rocher, près de Châtelaillon (*Dys. suprajurensis*, d'Orb.).

Loc. — Djebel Seba. — Étage séquanien.

Collection Peron.

(1) *Faune fossile de la Charente-Inférieure*, p. 22.

HOLECTYPUS CORALLINUS, d'Orbigny, 1850.

Cette espèce n'est représentée dans les fossiles recueillis par M. Peron que par un seul exemplaire de conservation médiocre. Nous le rapportons à l'*Holectypus corallinus*, à cause de sa taille et de sa forme peu élevée. Les autres détails nous manquent. Notre détermination n'a donc pas une précision absolue, surtout dans un genre où il est si difficile de distinguer les espèces.

L'*Holectypus corallinus* a été trouvé en Europe dans le terrain à chailles supérieur (1), dans le séquanien, dans les couches de Wettingen (ptérocérien). Nous l'avons recueilli à Tonnerre dans le vrai kimmeridgien à *O. virgula*, *Hemicidaris Desoriana*, *Amm. Lallierianus*.

M. Beltrémieux (2) le signale à la pointe du Ché (corallien).

Loc. — Djebel Seba. — Étage séquanien.

Collection Peron.

CIDARIS ACROLINEATA, Gauthier, 1873. — Fig. 9-13.

Test inconnu.

Radiole assez court et épais ; facette articulaire non crénelée ; bouton peu saillant ; collerette presque nulle. La base de la tige est couverte de lignes longitudinales formées par des séries de granules. Ces lignes disparaissent presque aussitôt, et tout le corps de la tige est orné d'épines obtuses ou de verrues disséminées sans ordre ; au sommet, ces verrues s'alignent de nouveau et forment de petites côtes, semblables aux lignes de la base, mais plus saillantes ; la réunion de ces côtes à l'extrémité forme une petite couronne.

Rapports et différences. — Les lignes de la base et du sommet, interrompues complétement sur le milieu de la tige, nous pa-

(1) *Echinologie helvétique*, p. 267.

(2) *Fossiles du département de la Charente-Inférieure*, p. 12.

raissent distinguer ces radioles de tous ceux qui ont été décrits jusqu'à présent.

Loc. — Djebel Seba (département de Constantine), Chellalah (département d'Alger). — Étage séquanien.

Collection Peron.

CIDARIS PLATYSPINA, Gauthier, 1873. — Fig. 4-6.

Test inconnu.

Radiole de médiocre longueur, à facette articulaire crénelée ; bouton peu saillant ; collerette presque nulle. La tige est couverte dans toute sa longueur de côtes rapprochées, formées par la réunion de petits granules très-serrés. De ces côtes s'élancent à intervalles peu réguliers des épines obtuses, saillantes, aplaties et allongées dans le sens des radioles, qui lui donnent un aspect tout hérissé.

Rapports et différences. — Ces radioles se rapprochent de ceux du *Cid. acrolineata*, Gauthier, mais ils s'en distinguent par leurs côtes qui se prolongent sur toute la longueur de la tige, et par leurs épines aplaties, bien plus saillantes et disposées tout différemment. Nous ne croyons pas qu'on puisse confondre ces deux espèces.

Loc. — Djebel, Seba Chellalah. — Étage séquanien.

Collection Peron.

CIDARIS LINEATA, Cotteau, 1852. — Fig. 14-17.

CIDARIS LINEATA, Cotteau, *Echinides de l'Yonne*, 1852, t. I, p. 117, pl. 11, fig. 5, 6.

Test inconnu.

Radiole allongé, cylindrique, parfois subfusiforme, s'amincissant vers le sommet. Facette articulaire crénelée ; bouton peu saillant ; collerette épaisse et courte. Granulation de la tige fine et très-serrée. Dans certains exemplaires, les granules forment des lignes longitudinales sur toute la tige; dans d'autres, un côté seulement est couvert de ces lignes, tandis que le côté opposé n'offre que des granules disposés presque sans ordre.

Observations. — M. Cotteau, qui a décrit cette espèce, a eu l'obligeance de nous communiquer les rares exemplaires qu'il en a recueillis. Nous n'y voyons aucune différence importante avec ceux que M. Peron a trouvés en Algérie, et nous n'hésitons pas à réunir nos exemplaires algériens à ceux de l'Yonne.

Rapports et différences. — Les radioles du *C. lineata* ont quelques rapports avec la figure donnée par M. Desor dans le *Synopsis* sous le nom de *C. Parandieri* (1) (*C. Blumenbachi*). Mais les stries sont beaucoup moins accusées, la granulation plus fine et plus serrée.

M. Cotteau a recueilli cette espèce à Châtel-Censoir et Druyes, dans le corallien inférieur.

Loc. — Djebel Seba. — Étage séquanien.

Collections Peron, Cotteau.

Cidaris Blumenbachi, Munster, 1826?.

Nous faisons suivre cette détermination d'un point de doute, parce que nous ne possédons qu'un radiole de cette espèce, et encore est-il incomplet. Les côtes qui couvrent la tige sont moins accentuées que dans les échantillons recueillis en Europe. Aussi ne citons-nous l'espèce que sous toutes réserves.

Observations.—En Europe, le *C. Blumenbachi* a été rencontré dans le terrain à chailles et dans le séquanien ; on le cite à Druyes (Yonne) et à Angoulins.

Loc. — Djebel Seba. — Étage séquanien.

Collection Peron.

(1) *Echinol. helvét.*, tab. 3, fig. 6.

CIDARIS CERVICALIS, Agassiz, 1860.

Les radioles de cette espèce que M. Peron a recueillis en Algérie sont nombreux. Ils sont parfaitement conformes aux types trouvés en Europe, et assez uniformes entre eux. Tous les exemplaires sont remarquables par le bourrelet oblique qui termine la collerette et la sépare de la partie granuleuse de la tige. La taille de nos échantillons est moyenne et n'atteint pas les grandes proportions de quelques-uns des radioles rencontrés en Europe.

Le *C. cervicalis* a une étendue verticale assez considérable dans les couches jurassiques. MM. Desor et de Loriol (1) l'indiquent dans le terrain à chailles, et le font remonter jusque dans l'étage ptérocérien. Cette espèce est également signalée dans le corallien de la Rochelle.

Loc. — Djebel Seba, Chellalah.

Collection Peron.

CIDARIS MARGINATA, Goldfuss, 1825.

CIDARIS MARGINATA, Cotteau, *Bulletin de la Société géologique*, 1869, t. XXVI, p. 531.

Aux radioles de cette espèce recueillis par M. Peron nous rapportons quelques plaques isolées, dont les tubercules sont tantôt crénelés, tantôt sans crénelures, et qui offrent tous les caractères du *C. marginata*. Les plaques à tubercules non crénelés pourraient aussi être rapportées au *C. monilifera*, Goldfuss. On comprendra notre réserve sur cette détermination, à cause de la difficulté de déterminer un *Cidaris* sur une seule plaque interambulacraire.

Observations. — Le *C. marginata* a été trouvé en Europe

(1) *Echinologie helvétique*, p. 46.

dans le corallien de Nattheim et à Angoulins, ainsi que dans les calcaires lithographiques de Solenhofen.

Loc. — Djebel Seba. — Étage séquanien.

Collection Peron.

CIDARIS CARINIFERA, Agassiz, 1847. — Fig. 1-3.

CIDARIS CARINIFERA, Cotteau, *Bulletin de la Société géologique*, 1869, t. XXVI, p. 530.

Test inconnu.

Ce radiole est aussi rare en Algérie qu'en Europe, car nous n'avons pu en étudier qu'un exemplaire. Il diffère un peu du type ; mais la forme générale est la même ; la tige glandiforme est ornée de stries transverses ; des arêtes saillantes partent du sommet, mais trois seulement d'entre elles se continuent au delà de la moitié de la tige. Nous croyons, avec M. Cotteau, que c'est bien au *C. carinifera* que doit être rapporté ce radiole ; toutefois les rares exemplaires de cette espèce que l'on a rencontrés jusqu'ici ont entre eux des différences assez sensibles pour qu'on ne puisse rien affirmer catégoriquement à ce sujet.

Observations. — Le *C. carinifera* n'a été rencontré en Europe que dans des couches qui ont été l'objet de bien des discussions. Les radioles, qui seuls jusqu'à ce jour représentent l'espèce, proviennent du mont Salève et du Stramberg. Dans ces deux localités ils sont accompagnés du *C. glandifera*. Il en est de même en Algérie ; et M. Peron a trouvé, avec le *C. glandifera*, le *Glypticus hieroglyphicus* et l'*Acrocidaris nobilis*. Le *Glypticus hieroglyphicus* appartient à un horizon assez étendu, puisqu'on le trouve dans le terrain à chailles et dans les calcaires blancs de Tonnerre. L'*Acrocidaris nobilis* a été trouvé dans la zone à *Cardium corallinum*, et caractérise surtout les couches du séquanien. C'est à ce dernier niveau qu'il faut assigner, croyons-nous, la véritable place du *C. carinifera*.

Loc. — Chellalah (dép. d'Alger). — Étage séquanien.

Collection Peron.

CIDARIS GLANDIFERA, Goldfuss, 1825.

CIDARIS GLANDIFERA, Cotteau, *Bulletin de la Société géologique*, 1869, t. XXVI, p. 530.

Les nombreux exemplaires recueillis par M. Peron offrent plusieurs variétés de formes, mais qu'il est facile de rapporter à un même type. Quelques-uns de ces radioles sont plus allongés, moins renflés vers le milieu de la tige; mais tous ont cette collerette épaisse et courte, ces lignes de granules saillantes qui caractérisent l'espèce.

Observations. — Les premiers exemplaires de cette espèce, depuis si longtemps connue, ont été rapportés de Syrie et de Palestine. Depuis on a trouvé le *C. glandifera* en Europe, à l'Echaillon, au mont Salève, dans la brèche de Lémenc, où, suivant Pictet (1), il occupe la partie la plus supérieure du jurassique. M. Coquand m'en a communiqué des exemplaires provenant de Ganges (Hérault). Ils sont de taille plus petite généralement que ceux d'Algérie, mais rien ne peut autoriser à les séparer du type.

Nous ferons observer que deux des espèces recueillies en Algérie, le *Coll. Loryi* et le *Cid. glandifera*, se retrouvent à l'Échaillon. D'un autre côté, un grand nombre de nos fossiles algériens existent également dans les couches du corallien supérieur de la Rochelle et de Tonnerre. Peut-être trouvera-t-on dans cette coïncidence quelques éléments pour préciser l'âge des couches de l'Échaillon. Toutefois nous ne voulons pas donner à cet argument plus d'importance qu'il n'en a, car les deux espèces sur lesquelles nous l'appuyons, n'ont pas encore été signalées elles-mêmes, ni à la Rochelle, ni à Tonnerre.

Loc. — Djebel-Seba, Chellalah. — Étage séquanien.
Collections Peron, Cotteau, Gauthier.

(1) *Bulletin de la Société géologique*, t. XXVI, p. 130.

CIDARIS MILLEPUNCTATA, Gauthier, 1873. — Fig. 7-8.

Nous ne connaissons de cette espèce que quelques plaques, mais elles nous paraissent assez caractérisées pour que nous puissions en donner une description succincte.

Tubercules gros, perforés et non crénelés ; scrobicules assez grands et profonds, terminés par un cercle de granules de taille médiocre, mamelonnés, espacés. Autour de ces granules se trouve une granulation miliaire fine, compacte, homogène. Aires ambulacraires très-sinueuses, larges, bordées de chaque côté d'une rangée de granules petits, serrés et bien distincts. Entre ces deux rangées se trouve une bande assez large remplie par une granulation miliaire très-fine, très-serrée et irrégulière. Zones porifères déprimées, sinueuses ; pores petits, très-rapprochés, séparés par un renflement granuliforme.

Rapports et différences. — Au premier aspect, ces plaques ressemblent à celles du *C. marginata*. Elles s'en distinguent, ainsi que de tous les *Cidaris* connus, par la granulation des aires ambulacraires. Nous ne connaissons de disposition analogue que dans le *Rhabdocidaris Cartieri*, Desor ; mais notre espèce est un vrai *Cidaris*.

Loc. — Djebel Seba. — Étage séquanien.

Collection Peron.

RHABDOCIDARIS CAPRIMONTANA, Desor, 1861.

RHABDOCIDARIS CAPRIMONTANA, Cotteau, *Bulletin de la Société géologique*, 1869, t. XXVI, p. 531.

Les radioles que nous avons entre les mains sont tous de grande taille, presque toujours aplatis, quelques-uns subcylindriques ou triangulaires. Nous n'y voyons cependant que des variétés de la même espèce, car le fond de l'ornementation est le même. Tous sont garnis d'épines parfois courtes et obtuses, parfois plus saillantes. Un de nos exemplaires est orné de carènes nombreuses, d'où se détachent des épines acérées. Nous avions cru d'abord voir dans cet échantillon le radiole du *Rh. Orbignyana*, Desor. Mais cette dernière espèce se trouve ordinairement à un niveau plus élevé, et le radiole unique dont nous parlons diffère autant du vrai type du *Rh. Orbignyana* que de celui du *Rh. caprimontana*.

L'*Échinologie helvétique* (1) signale cette espèce depuis les couches oxfordiennes de Birmensdorf jusque dans les couches séquaniennes de Baden. En France, on l'a trouvée dans les couches à Scyphies de Gigny, de Laignes, de Crussol. On l'indique encore à Aisy et à Lemenc (2). Le gisement principal est dans le terrain à chailles, entre la zone à *Amm. tenuilobatus* et le véritable coral-rag du Jura (3).

Loc. — Chellalah. — Étage séquanien.

Collection Peron.

RHABDOCIDARIS VIRGATA, Gauthier, 1873. — Fig. 18-25.

Test inconnu.

Radiole fort long et assez gros, cylindrique à la base, mais prenant le plus souvent une forme légèrement aplatie, tricarénée ou quadrangulaire dans la partie supérieure. Facette articulaire fortement crénelée ; bouton saillant ; collerette courte et épaisse. La tige est couverte d'épines sporadiques, quelques-unes en séries linéaires, assez rapprochées, peu saillantes et souvent émoussées. Entre les épines se trouve une granulation grossière et assez serrée.

Aucun des radioles que nous avons pu étudier n'est entier ; mais ils doivent atteindre une longueur assez considérable.

Rapports et différences. — Nous réunissons à nos exemplaires algériens des radioles qu'on rencontre assez fréquemment en

(1) *Echinol. helvét.*, p. 68.

(2) *Bulletin de la Société géologique*, t. XXVI, p. 865.

(3) *Bull. de la Soc. géol.*, t. XXVII, p. 121.

France, et notamment à la Rochelle, et nous avons cru devoir établir une espèce nouvelle. M. Cotteau nous écrit à ce sujet qu'il trouve entre les exemplaires de la Rochelle et quelques radioles du *Rh. Orbignyana* une certaine ressemblance qui le fait hésiter sur l'exactitude du rapprochement que nous faisons. Il est vrai que dans ces radioles de la Rochelle, comme dans ceux d'Afrique, le sommet s'aplatit assez souvent, et prend parfois une forme tricarénée. Mais cette déviation de la forme cylindrique, dans le *Rh. virgata*, est légère, tandis que dans le *Rh. Orbignyana* les radioles sont ordinairement tricarénés dans toute leur étendue, ou tout au moins aplatis; les épines sont plus longues et plus aiguës, la granulation différente. Puis le niveau n'est pas le même; bien qu'on ait trouvé quelques exemplaires du *Rh. Orbignyana* dans le corallien, la vraie station de cette espèce est dans le kimmeridgien. Nous croyons donc devoir maintenir notre nouvelle espèce. Elle se rapproche beaucoup du *Rh. horrida*, Mérian, de l'oolithe inférieure, décrit dans l'*Échinologie helvétique* (1). Cette dernière espèce paraît conserver toujours la forme cylindrique, et la granulation est différente. Les radioles du *Rh. virgata* sont plus épais que ceux que MM. Desor et de Loriol ont attribués au *Rh. nobilis* (2), et la forme de la collerette n'est pas la même.

Le *Rh. virgata* a été trouvé en France à la Rochelle, à Méry-sur-Yonne, à Crain, à Châtel-Censoir (Yonne), c'est-à-dire depuis le terrain à chailles jusque dans le séquanien.

Loc. — Djebel-Seba. — Étage séquanien.

Collection Peron.

Diplocidaris gigantea (Agassiz), Desor, 1856.

Diplocidaris gigantea, Cotteau, *Bulletin de la Société géologique*, 1869, t. XXVI, p. 531.

Le test et les radioles de cette espèce se trouvent en Algérie.

(1) *Echinol. helvét.*, pl. 8, partie jurassique.
(2) *Ibid.*, p. 68, pl. 13, fig. 2.

Les radioles sont assez nombreux, mais le test est rare, et nous n'en possédons qu'un fragment assez considérable. Les ambulacres sont sinueux ; la disposition des pores, la forme des gros tubercules, s'accordent parfaitement avec la description du type. La tige des radioles est tantôt couverte de tubercules aplatis, irréguliers, verruqueux, ce qui leur donne une apparence squameuse, tantôt ornée d'ondulations transversales, irrégulières, fortement marquées, qui donnent au radiole un aspect très-ridé. Il est facile de réunir ces variétés.

Observations. — Les auteurs de l'*Échinologie helvétique*, après avoir indiqué cette espèce seulement dans le terrain à chailles (1), reconnaissent ensuite (2) qu'on la trouve dans la zone à *Cardium corallinum*. M. Cotteau l'indique à Besançon et à Nattheim (3); M. Beltrémieux (4) la cite à Angoulins.

Loc. — Djebel Seba, avec des fossiles séquaniens.

Collection Peron.

DIPLOCIDARIS VERRUCOSA, Gauthier, 1873. — Fig. 26.

Test inconnu.

Radioles assez gros, longs et cylindriques. Facette articulaire fortement crénelée ; bouton peu saillant ; collerette presque nulle. La tige est ornée de grosses verrues, ou plutôt d'épines émoussées, espacées, sporadiques. L'intervalle entre les verrues est lisse, du moins dans les exemplaires assez frustres que nous avons entre les mains.

Observations. — Nous rangeons ces radioles dans le genre *Diplocidaris*, à cause de leur analogie avec les radioles du *Dipl. gigantea*. Ils se distinguent de cette dernière espèce par leurs verrues beaucoup plus saillantes et beaucoup plus espacées.

(1) *Echinol. helvét.*, p. 84 et 87.
(2) *Ibid.*, p. 396.
(3) *Echinides nouveaux ou peu connus*, p. 64.
(4) *Fossiles du département de la Charente-Inférieure*, p. 11.

Cette espèce se retrouve à la Rochelle.

Loc. — Djebel Seba. — Étage séquanien.

Collection Peron.

HEMICIDARIS DIADEMATA, Agassiz, 1840. — Fig. 46-47.

HEMICIDARIS DIADEMATA, Cotteau, *Bulletin de la Société géologique*, 1869, t. XXVI, p. 531.

M. Peron a recueilli de cette espèce le test et les radioles. Ils sont parfaitement identiques avec ceux qu'on trouve à Tonnerre. La forme peu élevée du test, la partie supérieure dépourvue de gros tubercules, ne laissent aucun doute à ce sujet. Les radioles ont été trouvés en France assez souvent attachés au test ; il n'y a donc pas d'erreur possible ; ils sont minces, assez longs, souvent tricarénés ou irrégulièrement cylindriques.

Observations. — L'*Hemicid. diademata* se montre dans le terrain à chailles avec l'*Hem. crenularis* (1), mais son horizon le plus ordinaire est le séquanien (le Locle, Pierrefitte, Angolat, Jura bernois). C'est une des espèces les plus abondantes à Tonnerre. MM. Desor et de Loriol le signalent encore dans l'étage ptérocérien.

Loc. — Djebel ben Ammade (département d'Alger). — Étage séquanien.

Collection Peron.

HEMICIDARIS CRENULARIS (Lamarck), Agassiz, 1840 ? — Fig. 48-49.

Nous rapportons à cette espèce, mais avec doute, quatre radioles recueillis par M. Peron. La forme générale nous a engagé à cette détermination ; mais ces exemplaires sont tellement usés, que nous ne saurions rien affirmer. Deux de ces radioles sont de grande taille et plus volumineux que ne sont ordinairement

(1) *Echinol. helvét.*, p. 112, partie jurassique.

les radioles de l'*H. crenularis*. Nous faisons figurer un de ces exemplaires.

Loc. — Djebel Seba.

Collection Peron.

PSEUDOCIDARIS SUBCRENULARIS, Gauthier, 1873. — Fig. 34-37.

Test inconnu.

Radiole extrêmement court, en forme de cône renversé, très-dilaté au sommet, à tel point qu'il est presque aussi large que long, assez mince à la base. La collerette et le bouton nous sont inconnus. Le sommet est terminé par une couronne de pointes saillantes, nombreuses; l'intérieur de cette couronne est convexe, couvert de côtes tuberculeuses et convergeant au centre : dans l'un de nos exemplaires, ces côtes sont remplacées par des séries de véritables pointes. La tige se rétrécit très-rapidement; elle est également couverte de côtes granuleuses, peu saillantes, dont chacune correspond à l'une des pointes de la couronne.

Longueur, 13 à 15 millimètres; diamètre de la couronne, 12 millimètres.

Observations. — Ce n'est que par analogie que nous rapportons ces radioles au genre *Pseudocidaris*, puisque nous n'en possédons pas le test. Nous n'en connaissons que trois échantillons, mais la forme est si caractéristique, que nous n'avons pas hésité à en faire une espèce nouvelle.

Rapports et différences. — Comme forme générale, ces radioles rappellent ceux de l'*H. crenularis*, mais ils sont beaucoup plus courts, quoique aussi larges au sommet. Les ornements sont aussi bien différents, car, à la place des stries si fines qui couvrent l'*H. crenularis*, ils portent des côtes granuleuses assez grosses et espacées, quoique aplaties et peu saillantes.

Loc. — Chellalah (département d'Alger). — Étage séquanien.

Collection Peron.

Pseudocidaris mammosa (Agassiz), de Loriol, 1870 (*Hemicidaris ovifera* auctorum). — Fig. 38-45.

Les radioles que nous rapportons à cette espèce diffèrent du type par une collerette généralement plus épaisse ; néanmoins quelques exemplaires ont la collerette aussi mince que ceux recueillis à la Rochelle, tandis que nous en avons vu provenant de cette dernière localité dont la collerette est aussi épaisse que dans les radioles algériens. Nous n'avons donc pas trouvé là une raison suffisante pour établir une espèce nouvelle. Pour tous les autres caractères, nos exemplaires sont semblables à ceux qu'on a trouvés en France, et en reproduisent toutes les variétés, tantôt oviformes, tantôt étranglés au milieu de la tige, allongés ou raccourcis.

Nous avons fait figurer quelques radioles qui s'écartent plus que les autres du type spécifique. Ainsi isolés, ils paraissent appartenir à une espèce différente. Les granules sont beaucoup plus gros, et ce caractère, joint à l'épaisseur de la collerette, semblait d'abord nous engager à les séparer spécifiquement. De plus M. Peron nous a fait la remarque que les exemplaires à gros granules provenaient de Chellalah, les autres du djebel Seba. Mais après mûr examen, il nous a été impossible de préciser les caractères qui autoriseraient à créer une espèce nouvelle. Tous ces radioles ont des points de ressemblance constants qui les relient les uns aux autres. Les gros granules, pour ceux qui en portent, ne sont guère que dans la partie supérieure ; la partie voisine de la collerette est finement granulée, en séries linéaires, comme dans les exemplaires qui se rapprochent le plus de ceux de la Rochelle. D'ailleurs, dans cette dernière localité, on trouve aussi des radioles à gros granules, et j'ajouterai que ce sont précisément ceux-là qui ont la collerette plus épaisse. Le *Pseud. Thurmanni* (Etallon), dont les radioles se rapprochent à tant d'égards de l'espèce qui nous occupe, offre les mêmes particularités (1); et il a été également impossible de

(1) *Echinol. helvét.*, p. 89, pl. 13.

séparer les radioles à gros granules de ceux dont la granulation est plus fine.

Observations. — Nous croyons, avec M. Cotteau, que ces radioles trouvés en grande abondance à la Rochelle avec le test du *Pseud. mammosa,* Agassiz, sp., auquel ils semblent parfaitement s'adapter, doivent être réunis à cette espèce. MM. Desor et de Loriol ont émis la même opinion (1). Toutefois on n'a pas encore les preuves mathématiques de l'exactitude de cette attribution.

Les radioles du *Pseud. mammosa* appartiennent au niveau corallien de la Rochelle, et ils n'ont guère été signalés plus bas. M. Cotteau (2) en a rencontré de rares exemplaires à Ecommoy (Sarthe) ; mais cet horizon est à peu près le même, puisqu'on y trouve des fossiles communs aux calcaires blancs supérieurs de Tonnerre. On peut donc dire que l'espèce appartient en Europe aux couches supérieures du corallien.

Loc. — Chellalah (bivouac de M'harta) ; djebel Seba (le Pic). — Étage séquanien.

Collections Peron, Gauthier, Cotteau.

PSEUDOCIDARIS RUPELLENSIS, Cotteau, 1873. — Fig. 27-33.

HEMICIDARIS RUPELLENSIS, Cotteau, *Bulletin de la Société géologique*, 1869, t. XXVI, p. 532.

Ces radioles ont été décrits sommairement par M. Cotteau (3), mais ils n'ont pas encore été figurés. La taille de certains exemplaires est considérable ; la facette articulaire et le bouton crénelés. Le bouton est relativement petit ; la collerette nulle, le radiole s'élargissant tout à coup d'une manière disproportionnée. La surface, dans quelques exemplaires, est couverte de stries longitudinales très-marquées. Les tubercules du test, qui portaient les gros radioles, devaient être de taille médiocre, et la

(1) *Echinol. helvét.*, p. 89.
(2) *Echinides de la Sarthe,* p. 106.
(3) *Bull. de la Soc. géol.*, loc cit.

grandeur du test lui-même ne devait pas être en rapport avec la grosseur des radioles : c'est ce qui explique cet aplatissement si caractéristique qu'ils offrent tous sur un ou plusieurs de leurs côtés.

Observations. — Nous croyons, d'après la forme des radioles, devoir ranger cette espèce dans le genre *Pseudocidaris*, Desor. Toutefois on ne pourra l'attribuer sûrement à ce genre que lorsque l'on connaîtra le test lui-même. Le *Pseudocidaris rupellensis*, qui n'est pas très-rare au djebel Seba, car nous en avons une douzaine d'exemplaires entre les mains, a été rencontré également à la Rochelle et à Tonnerre, dans les couches supérieures du corallien à *Pygurus Blumenbachi*.

Loc. — Djebel Seba (bivouac). — Étage séquanien.

Collections Peron, Cotteau, Gauthier.

ACROCIDARIS NOBILIS, Agassiz, 1840.

ACROCIDARIS NOBILIS, Cotteau, *Bulletin de la Société géologique*, 1869, t. XXVI, p. 532.

Nous possédons de cette espèce un fragment de test assez considérable et de nombreux radioles, triangulaires, subcarénés, aplatis, de formes assez variées, tous très-finement striés transversalement. L'identité avec les exemplaires d'Europe ne peut laisser aucun doute.

Observations. — Le véritable niveau de l'*Acrocidaris nobilis* est assez élevé dans les couches coralliennes. Toutefois on l'a recueilli en France dans le corallien inférieur de Druyes, de Châtel-Censoir, de Coulanges-sur-Yonne, de Saintpuits. L'horizon où l'espèce est le plus abondante est le séquanien de la Rochelle. Elle caractérise aussi les couches de Nattheim. En Suisse, on la signale à Hobel (Soleure), Saint-Sulpice, Col des Roches, près du Locle, Sainte-Croix (étage séquanien).

Nous avions d'abord cru devoir rapporter à l'*Hemicidaris undulata* (Agassiz) quelques rares fragments de radioles, d'apparence cylindrique, à stries transversales onduleuses, et assez conformes à la description d'Agassiz. Nous avons renoncé à ce rapprochement, et nous croyons être plus exact aujourd'hui en réunissant ces petits radioles à l'*Acrocidaris nobilis*. Aussi bien la forme cylindrique n'est pas constante, et les stries transversales, onduleuses, se retrouvent sur tous les radioles de cette dernière espèce, quand ils sont bien conservés.

Loc. — Djebel Seba, Chellalah. — Étage séquanien.

Collection Peron.

PSEUDODIADEMA HEMISPHÆRICUM, Agassiz, Desor, 1856.

L'exemplaire unique que nous possédons de cette espèce est de petite taille, mais nous avons cru y reconnaître tous les caractères du type; il est identique avec ceux de même dimension que l'on recueille à Tonnerre.

Observations. — Le *Pseudodiadema hemisphæricum* est abondant dans les couches du corallien supérieur de Tonnerre; on le trouve également à la Rochelle. On l'a rencontré aussi à un horizon inférieur, dans le terrain à chailles, en Suisse, à Druyes (Yonne).

Loc. — Djebel Seba. — Étage séquanien.

Collection Peron.

GLYPTICUS HIEROGLYPHICUS (Goldfuss), Agassiz, 1840.

GLYPTICUS HIEROGLYPHICUS, Cotteau, *Bulletin de la Société géologique*, 1869, t. XXVI, p. 532.

Nous n'avons pu étudier que deux exemplaires de cette espèce, en assez mauvais état. Ils sont bien reconnaissables cependant à leurs tubercules interambulacraires déchirés, à leurs deux rangées de tubercules ambulacraires, à la grandeur de leur appareil apical.

Observations. — La station ordinaire du *Glypticus hieroglyphicus* est le terrain à chailles; mais on le trouve aussi à un horizon plus élevé. Nous l'avons recueilli à Tonnerre, dans les couches qui renferment le *Pygurus Blumenbachi*, l'*Hemicidaris diademata*, l'*Ostrea solitaria*. L'*Échinologie helvétique* (1) le signale également dans l'étage séquanien de Suisse, à Montmelon, à Graitery, et dans le calcaire à Nérinées de Zwingen et de Caquerelle.

Loc. — Djebel Seba. — Étage séquanien.

Collection Peron.

Il faut ajouter à cette liste quelques fragments trop imparfaits pour que nous ayons pu les déterminer sûrement : un fragment de test appartenant à quelque *Hemicidaris* de petite taille ; un fragment de *Pygurus*, qui pourrait bien être le *Pygurus Blumenbachi*, Agassiz ; la partie inférieure d'un gros radiole de *Rhabdocidaris*, qui rappelle de loin le *Rh. Cartieri*, Desor, et quelques autres fragments isolés et peu volumineux.

(1) Page 203.

EXPLICATION DES FIGURES.

PLANCHES 19 ET 20.

Fig. 1. *Cidaris carinifera*, de la collection Peron.

Fig. 2. Le même, vu par le sommet.

Fig. 3. Partie grossie montrant les stries transverses.

Fig. 4 et 5. Deux exemplaires du *Cidaris platyspina*, de grandeur naturelle.

Fig. 6. Partie de radiole grossie.

Fig. 7. Plaque coronale du *Cidaris millepunctata*, avec une portion d'ambulacre, grandeur naturelle.

Fig. 8. Grossissement du même fragment.

Fig. 9. *Cidaris acrolineata*, de la collection de M. Peron.

Fig. 10. Sommet du radiole.

Fig. 11. Partie grossie.

Fig. 12. Autre exemplaire de la collection Peron.

Fig. 13. Partie inférieure grossie.

Fig. 14, 15, 16. Trois exemplaires du *Cidaris lineata*, de la collection Peron.

Fig. 17. Partie grossie.

Fig. 18, 19, 20, 21, 23. Fragments de radioles du *Rhabdocidaris virgata*, recueillis en Algérie par M. Peron.

Fig. 22, 24, 25. Parties grossies.

Fig. 26. Radiole du *Diplocidaris verrucosa*, grandeur naturelle.

Fig. 27. *Pseudocidaris rupellensis*, de grandeur naturelle.

Fig. 28. Exemplaire allongé.

Fig. 29. Sommet du radiole.

Fig. 30. Partie grossie montrant les stries longitudinales.

Fig. 31. Autre exemplaire de grandeur naturelle.

Fig. 32. Exemplaire d'apparence lisse.

Fig. 33. Facette articulaire grossie.

Fig. 34. *Pseudocidaris subcrenularis* de la collection Peron, grandeur naturelle.

Fig. 35. Le même, grossi.

Fig. 36. Autre exemplaire de grandeur naturelle.

Fig. 37. Partie coronale grossie.

Fig. 38, 40, 41, 43. Radioles divers de formes exceptionnelles du *Pseudocidaris mammosa*.

Fig. 39. Partie supérieure du n° 38.

Fig. 42, 44. Parties grossies.

Fig. 46. *Hemicidaris diademata*, vu de côté.

Fig. 47. Le même, vu d'en haut. — Le dessinateur a eu tort de restaurer cet exemplaire, qui est loin d'être d'une conservation parfaite.

Fig. 48. Radiole de l'*Hemicidaris crenulosis*, de taille naturelle.

Fig. 49. Sommet du radiole.

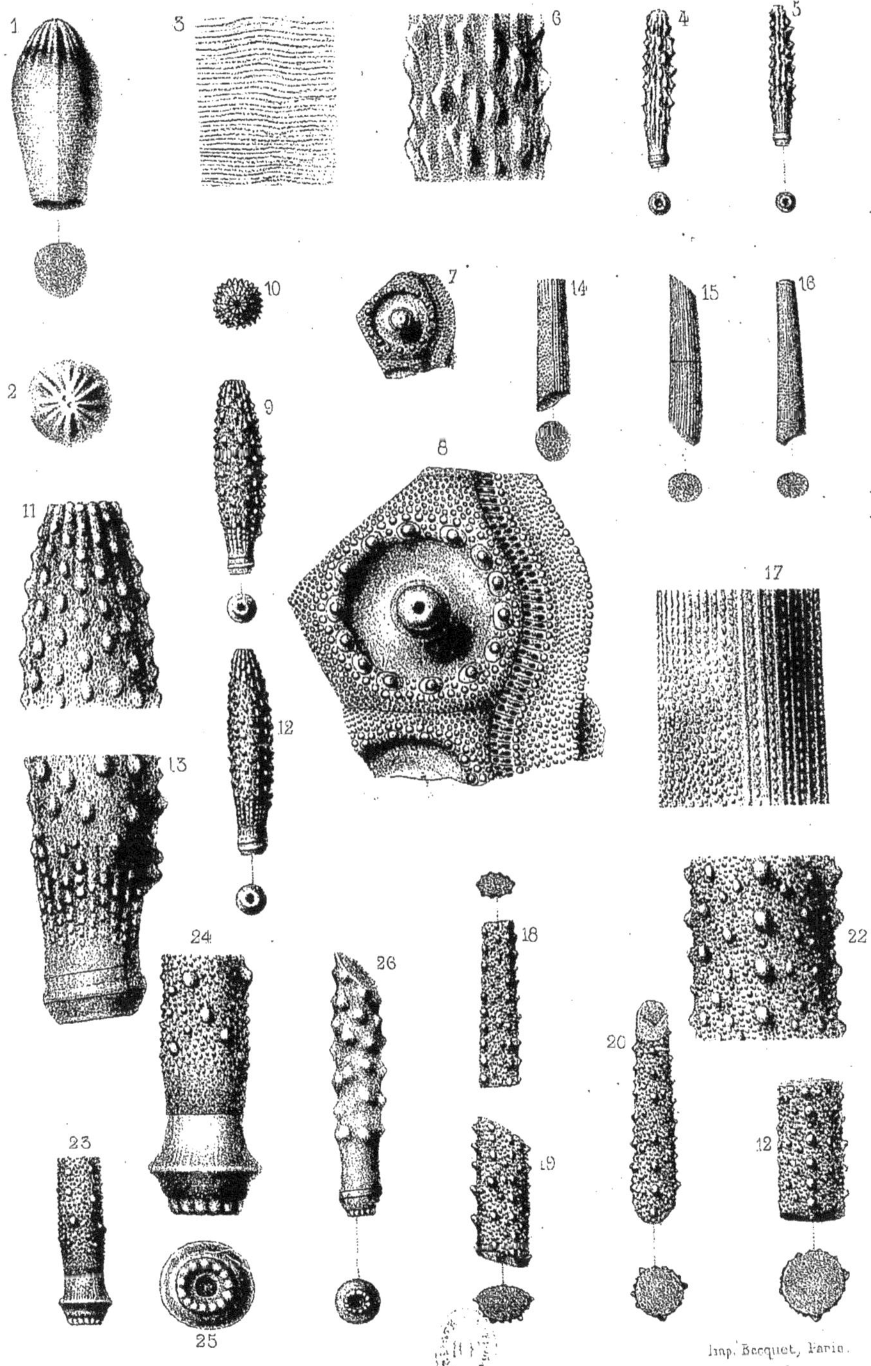

Imp. Becquet, Paris.

Echinides du terrain Jurassique d'Algérie.

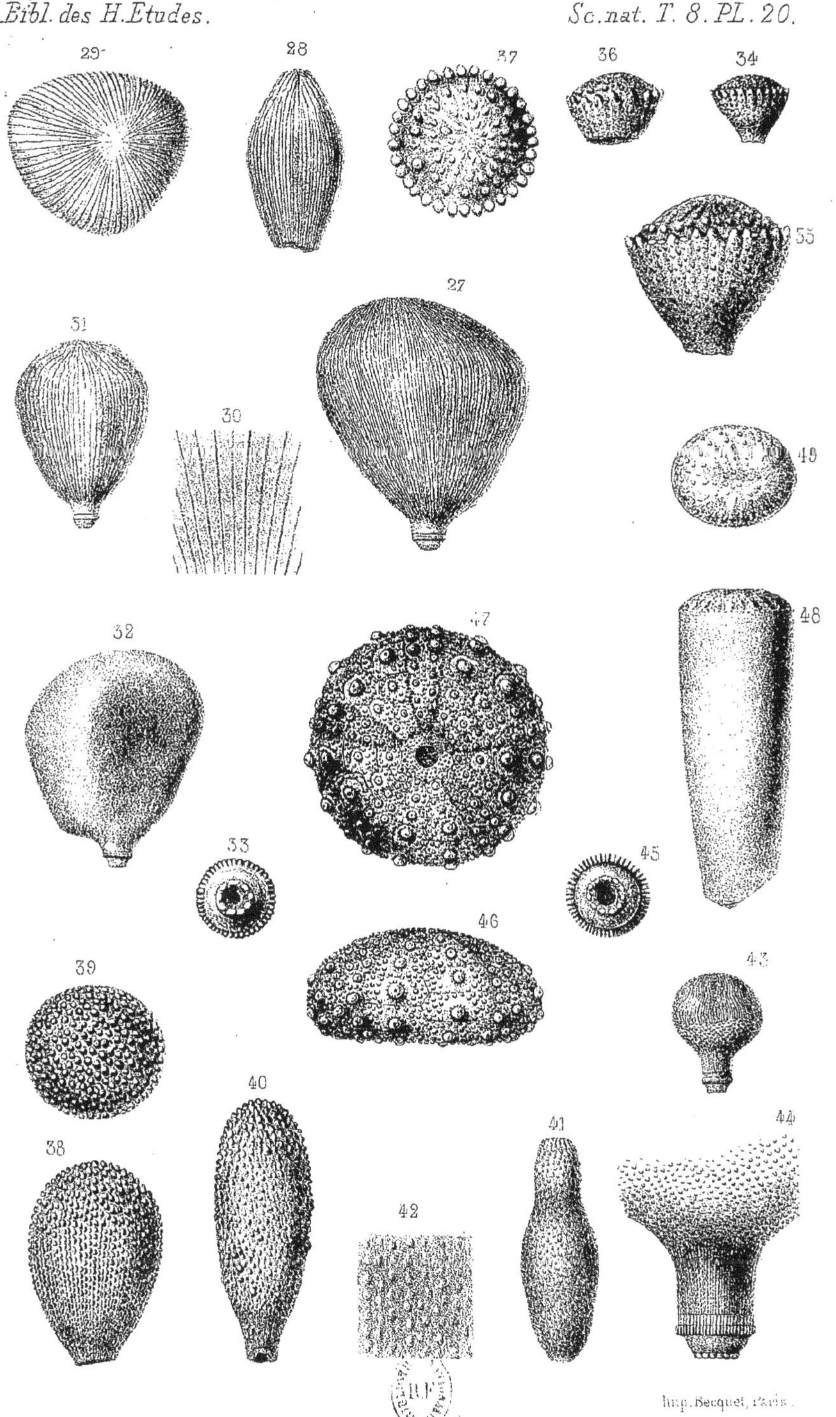

Echinides du terrain Jurassique d'Algérie

ÉCHINIDES

FOSSILES DE L'ALGÉRIE

ÉCHINIDES
FOSSILES DE L'ALGÉRIE

DESCRIPTION
DES ESPÈCES DÉJA RECUEILLIES DANS CE PAYS
ET CONSIDÉRATIONS SUR LEUR POSITION
STRATIGRAPHIQUE

PAR

MM. COTTEAU, PERON & GAUTHIER

TERRAINS SECONDAIRES

TOME I

TERRAINS JURASSIQUES,
ÉTAGES TITHONIQUE, NÉOCOMIEN, URGO-APTIEN, ALBIEN
ET CÉNOMANIEN

AVEC QUARANTE-ET-UNE PLANCHES

PARIS
G. MASSON, ÉDITEUR
LIBRAIRE DE L'ACADÉMIE DE MÉDECINE
120, Boulevard Saint-Germain, en face l'École de Médecine.

1876-1884

ÉCHINIDES
FOSSILES DE L'ALGÉRIE

DESCRIPTION
DES ESPÈCES DÉJA RECUEILLIES DANS CE PAYS
ET CONSIDÉRATIONS SUR LEUR POSITION
STRATIGRAPHIQUE

PAR

MM. COTTEAU, PERON & GAUTHIER

DEUXIÈME FASCICULE

ÉTAGES TETHONIQUE ET NÉOCOMIEN

AVEC HUIT PLANCHES

PARIS
G. MASSON, ÉDITEUR
LIBRAIRE DE L'ACADÉMIE DE MÉDECINE
Boulevard Saint-Germain, en face l'École de Médecine.

1876

ÉCHINIDES FOSSILES DE L'ALGÉRIE

DESCRIPTION

DES ESPÈCES DÉJA RECUEILLIES DANS CE PAYS

ET CONSIDÉRATIONS SUR LEUR POSITION STRATIGRAPHIQUE

PAR

MM. G. COTTEAU, A. PERON et V. GAUTHIER.

DEUXIÈME PARTIE (1).

CHAPITRE PREMIER. — ÉTAGE TITHONIQUE.

Renseignements stratigraphiques, par M. Peron.

Dans une note qui a paru en 1872 (2) au *Bulletin de la Société géologique de France*, nous avons donné la description de quelques gisements de terrain tithonique que nous avons découverts dans le sud de l'Algérie en compagnie de M. Le Mesle. Le grand éloignement de ces gisements les rendait particulièrement intéressants à étudier et utiles à comparer avec les localités de même âge du midi de la France et d'Allemagne. Nous avons montré combien, malgré la distance considérable qui les sépare, ils présentent avec les gisements tithoniques les plus connus une similitude frappante, tant au point de vue du facies paléontologique que sous le rapport de la situation stratigraphique, et même de la composition pétrologique. Ces résultats sont déjà importants, mais il reste à les appuyer par une étude approfondie et détaillée des divers fossiles que nous avons recueillis dans ces couches. C'est seulement par des monographies semblables, très-minutieuses, pouvant donner aux méthodes paléontologiques toute a

(1) La première partie de ce travail a été publiée dans le tome VIII de ce recueil.

(2) *Sur l'étage tithonique en Algérie* (*Bull. Soc. géol.*, t. XXIX, p. 180).

précision qui leur est indispensable, que nous pouvons espérer de reconnaître enfin la propre manière d'être, et pour ainsi dire l'autonomie réelle de cet étage encore si discuté.

Déjà en Suisse, en Allemagne, en Italie, bien des géologues nous ont devancés dans cette voie ; il est même assez singulier que les faunes de nos terrains tithoniques de France, pourtant riches et bien développés, ne soient absolument connues que par les travaux de quelques savants étrangers. Quoique, parmi nous, l'existence d'un étage tithonique, en tant que période distincte, ne soit pas encore généralement admise, et que, d'autre part, ce terme lui-même d'étage tithonique soit repoussé par de grandes autorités scientifiques en raison de la confusion qui s'y attache, il n'en est pas moins évident que, pour ces motifs mêmes, il ne peut être que très-utile de grouper les fossiles recueillis dans chacun de ces gisements désignés comme tithoniques, et réputés contemporains encore un peu confusément.

Le remède aux inconvénients qui peuvent résulter de l'emploi de ce terme se trouve entièrement dans une définition rigoureuse du sens qu'on y attache, et surtout dans une description suffisamment détaillée des couches qu'on attribue à cet étage. Aussi, dans le présent travail qui ne peut malheureusement comprendre qu'une partie de la faune tithonique d'Algérie, nous efforcerons-nous de montrer aussi clairement que possible ce qu'est dans ce pays la formation que nous appelons tithonique. Il nous faudra d'ailleurs, pour donner à notre publication d'aujourd'hui toute l'utilité dont elle est susceptible, reproduire quelques-uns des renseignements géographiques, stratigraphiques et autres que nous avons déjà précédemment donnés, et ces renseignements, nous l'espérons, seront suffisants pour ne laisser aucun doute.

Tout d'abord, il convient de rappeler que, dans les diverses localités que nous avons étudiées en Algérie, et en particulier sur les rives de l'oued Soubella, nous n'avons pu distinguer qu'un seul horizon tithonique.

Les diverses assises fossilifères de ce gisement, dont la puissance atteint à peine une trentaine de mètres, nous ont paru être intimement reliées entre elles par certains fossiles abondants, qui, se retrouvant dans plusieurs couches, impriment à l'ensemble un caractère d'unité que l'uniformité du facies pétrologique vient encore corroborer.

Dans ce groupe si bien uni, rien ne nous a paru représenter distinctement, ni le tithonique inférieur de Rogoznick, le klippenkalk à *Terebratula sima* et *Terebratula Catulloi*, ni les couches à *Terebratula dyphia* du Tyrol, ni enfin les calcaires à *Terebratula moravica* d'Inwald, de Wimmis, de l'Échaillon, de Rougon, etc., que beaucoup de géologues considèrent comme l'équivalent, et un facies particulier du tithonique inférieur.

Les seuls terrains que l'on puisse en Algérie rapprocher de ces derniers gisements sont les couches de la région du Liamoun et de l'oasis de Chellalah, dont nous avons parlé dans notre premier fascicule ; mais nous avons démontré que ces couches n'avaient absolument aucun rapport visible avec celles du tithonique dont nous allons nous occuper.

De même encore, quoique nous ayons pu examiner au-dessous de l'horizon à *Terebratula janitor* des couches puissantes, dont quelques-unes, à un niveau inférieur, renferment des fossiles très-caractéristiques de l'étage oxfordien, nous n'avons pu discerner, dans cette partie, aucun niveau particulier pouvant représenter la zone à *Ammonites tenuilobatus*. Peut-être faut-il considérer comme son équivalent une série assez puissante de petites assises marneuses immédiatement inférieures aux couches fossilifères, et dans lesquelles nous n'avons recueilli que quelques restes indéterminables. Ce point serait très-important à élucider, et il est à désirer que de nouvelles recherches bien approfondies soient faites dans ces mêmes couches. Nous allons voir en effet que cette faune tithonique supérieure que nous avons rencontrée dans ces localités présente une remarquable affinité avec celle de la zone à *Ammonites tenuilobatus*, une affinité telle, que, dès nos premières recherches, elle avait frappé M. Le Mesle, familiarisé depuis longtemps avec ce facies.

En résumé, le groupe fossilifère de l'oued Soubella nous semble se réduire au tithonique supérieur, aux couches à *Terebratula janitor* proprement dites, et l'étude que nous en avons faite a justifié à nos yeux la classification généralement adoptée maintenant de cet horizon dans la série crétacée. En outre, la continuité de cet étage, la constance de ses caractères et de sa situation toujours immédiatement au-dessous du néocomien vrai, l'homogénéité enfin de sa faune spéciale sur des points si divers et si éloignés que la Moravie, la Suisse, le midi de la France, l'Espagne, la Sicile et jusqu'au sud de l'Algérie, m'ont semblé constituer les caractères d'une formation générale, au moins dans ce bassin, et indépendante au même titre que toutes celles adoptées dans nos nomenclatures.

Il ne m'appartient pas, dans ce travail d'un but tout spécial, de discuter les liens qui peuvent réunir l'horizon dont nous nous occupons aux couches plus anciennes du tithonique inférieur, non plus que les affinités attribuées à ce dernier terrain avec les couches jurassiques supérieures; nous devons nous borner ici à l'exposé des faits, et nous laissons à de plus autorisés le soin d'en tirer les déductions possibles, reconnaissant d'ailleurs nous-mêmes en toute sincérité que nos convictions à ce sujet ne reposent pas sur des bases suffisamment solides pour que nous puissions nous aventurer sur ce dangereux terrain.

Quoique les Oursins soient répandus à profusion dans les couches tithoniques du djebel Bou-Thaleb, nous n'y avons distingué que sept espèces, parmi lesquelles plusieurs même n'ont été rencontrées qu'une fois. Sur ces sept espèces, après examen approfondi, il a été reconnu que quatre devaient être considérées comme nouvelles. Nous les décrivons ci-après sous les noms de *Infraclypeus Thalebensis*, *Holectypus afer*, *Rhabdocidaris janitoris* et *Magnosia Meslei*.

Deux autres espèces sont bien connues, ce sont le *Metaporhinus convexus*, Catullo (*Metaporhinus transversus*, d'Orb.) et le *Collyrites carinata*, Desmoulins. Il a été impossible de séparer de la première espèce quelques petits individus que, dans mon premier travail, j'avais considérés comme pouvant peut-être représenter une deuxième espèce, voisine du *Collyrites capistrata*.

La septième espèce enfin est un *Cidaris* qui n'est représenté que par un seul échantillon, mais offre assez bien les caractères du *Cidaris lœviuscula*.

Ainsi donc, dans toutes les faunes connues, soit crétacées, soit jurassiques, où nous avons dû chercher des termes de comparaison, il n'y a que deux espèces sur l'identité desquelles il nous paraît n'y avoir aucun doute possible.

Dans les faunes franchement néocomiennes, nous ne voyons plus aucune espèce parfaitement identique à aucun de nos Oursins. Le Valenginien de Suisse, dont M. de Loriol vient de faire connaître la riche faune échinologique, n'offre, parmi ses cinquante-deux espèces, aucun type même voisin des nôtres.

La faune de Berrias, dont les analogies sont si grandes avec celle qui nous occupe, m'avait paru, lors de mon premier travail, renfermer précisément les deux Oursins connus de notre terrain. En effet, suivant en cela l'exemple des paléontologistes les plus compétents, de MM. Pictet, Cotteau, etc., je réunissais au *Metaporhinus transversus* cette espèce si voisine, que M. de Loriol (1) a décrite sous le nom de *Collyrites Berriasensis*. Mais M. de Loriol (2) ayant depuis, d'accord avec M. Cotteau, établi la distinction de ces espèces sur des caractères différentiels bien constants, quoique peu importants, ce rapprochement ne nous est plus permis. De même, quelques-uns de nos *Collyrites carinata* au moins me semblaient présenter parfaitement les caractères distinctifs du *Collyrites Malbosi*, de Loriol; mais ces caractères étant assez fugaces et l'espèce en résumé fort mal connue, comme nous n'avons pu avoir communication des types originaux et les confronter avec nos échantillons, nous avons dû abandonner, au moins pour le moment, une détermination incertaine.

Si maintenant nous cherchons dans les horizons jurassiques les plus voisins, nous arrivons au même résultat négatif. Les couches, qui naturellement appelaient le plus notre attention, sont celles de l'étage séquanien, qui, en Algérie en particulier, renferment quelques fossiles comme le *Cidaris glandifera*, le *Cidaris carinifera*, le *Terebratula moravica*, etc., communs à

(1) De Loriol, in Pictet, *Faune à* Terebratula dyphioides, p. 113.

(2) De Loriol, *Échinologie helvétique* (partie jurassique).

certains gisements réputés tithoniques. Or, parmi les vingt-cinq espèces provenant de ces couches que nous avons décrites dans notre premier fascicule, il ne s'en trouve aucune qui puisse même être rapprochée de celles de l'oued Soubella. Les seules affinités que nous ayons pu constater tendent, comme nous l'avons dit, à rapprocher les couches de cette dernière localité de celles bien plus anciennes qui sont caractérisées par les *Ammonites polyplocus* et *tenuilobatus*.

Ce dernier horizon, quel que soit d'ailleurs son âge positif, est reconnu par tous les géologues comme inférieur aux couches à *Terebratula janitor*. Sa nature jurassique même n'est déniée par personne, et les dissentiments commencent seulement quand il s'agit de la place à lui attribuer dans la série jurassique. Sur ce dernier point, par exemple, le désaccord est complet, et les discussions si savantes et si fréquentes qui ont eu lieu à ce sujet n'ont pas encore éclairé suffisamment la question. Il semble que presque tout le débat relatif au terrain tithonique se soit transporté sur cette zone à *Ammonites tenuilobatus* qui l'accompagne si fréquemment, et présente toujours avec lui des caractères d'intimité difficiles à expliquer.

D'après M. Hébert et beaucoup d'autres géologues, cette zone appartiendrait à l'étage oxfordien supérieur. Son contact habituel avec le terrain tithonique ne s'expliquerait que par une lacune énorme dans la série jurassique supérieure. Les associations de fossiles des deux terrains qu'on a observées seraient, soit apparentes seulement, c'est-à-dire résultant de la confusion en un seul de plusieurs niveaux distincts, soit réelles, mais alors purement accidentelles, et produites par des remaniements à l'époque tithonique de sédiments préexistants.

D'après l'école allemande au contraire, qui n'admet pas l'existence d'un étage corallien, la zone à *Ammonites tenuilobatus* représenterait l'étage kimméridgien succédant sans interruption aux couches oxfordiennes, et l'étage tithonique lui-même ne serait que la continuation immédiate et non interrompue des mêmes dépôts.

Ces questions sont graves, comme on le voit, et la divergence est profonde. L'immense intérêt qui s'attache à ce grand problème fait que de tous côtés des recherches nombreuses tendent à le résoudre. Peut-être bientôt, par d'autres déplacements, pourra-t-on faire entrer dans le débat le bassin parisien si bien étudié et si connu, et sans doute alors la solution ne sera pas éloignée.

Le *Metaporhinus convexus*, séparé, comme nous l'avons dit, du *Collyrites Berriasensis*, devient un Oursin tout à fait spécial aux couches tithoniques controversées.

Il accompagne partout le *Terebratula janitor*, sauf peut-être à Rogoznik, où cette dernière espèce ne paraît pas se trouver. Dans toutes les autres localités, à Stramberg, aux environs de Fribourg (Le Dat), à Grenoble, à Barrême, à Saint-Julien en Beauchêne, en Algérie, ces deux espèces sont toujours associées et caractérisent les mêmes couches.

Le *Metaporhinus convexus* est donc une espèce précieuse pour établir la contemporanéité de nos gisements algériens avec les localités que nous venons de citer ; mais, de même que là, il est insuffisant pour servir à en déterminer l'âge relatif.

Le *Collyrites carinata* au contraire a une signification franchement jurassique, et même en particulier oxfordienne. Ses gisements sont les couches de Baden, le terrain argovien de M. Marcou, aussi bien en Bavière qu'en Suisse, en Wurtemberg, etc. En France, on le rencontre à Crussol dans les calcaires de l'oxfordien supérieur, et, dans les localités tithoniques, à Lemenc par exemple, on ne le trouve que dans l'assise n° 1, l'assise inférieure à la ligne A de M. Pictet, celle à laquelle tout le monde s'accorde à reconnaître des caractères jurassiques bien tranchés.

Il y a donc ainsi déjà, entre les deux seuls Oursins bien connus que nous ayons recueillis, un désaccord considérable et une signification stratigraphique bien différente : l'un représente le calcaire de Stramberg et de Grenoble à fossiles crétacés, l'autre les couches de Baden et les calcaires de Crussol à fossiles jurassiques. Ce résultat naturellement nous a vivement frappés, mes collaborateurs et moi ; et ce n'est qu'après un examen approfondi et des comparaisons minutieuses avec des types originaux des localités les plus variées, que nous avons maintenu nos déterminations.

Dans cette situation, il est, comme on le voit, d'une extrême importance de préciser la position relative de ces deux Oursins au sein des couches, et c'est ce à quoi nous allons nous attacher ; mais il est nécessaire d'examiner préalablement les autres espèces d'Oursins que nous avons recueillies, et de rechercher si, parmi elles, il existe des tendances et des affinités dont nous puissions tenir compte pour suppléer à l'insuffisance des deux Oursins déjà cités. Parmi ces espèces en effet, il en est dont la signification jurassique est très-prononcée. Le *Magnosia Meslei* d'abord est extrêmement voisin du *Magnosia decorata* de l'étage oxfordien ; et mes collaborateurs, frappés de la similitude presque complète des deux espèces, ont longtemps hésité à les séparer. L'*Holectypus afer*, qui a d'ailleurs tous les caractères spéciaux des *Holectypus* jurassiques, ne présente, avec l'*Holectypus orificiatus* de Crussol et des couches de Baden, que des différences extrêmement faibles, à ce point que M. Gauthier a encore de sérieux scrupules sur la valeur de la nouvelle espèce, et qu'il ne la maintient que parce que nous avons résolu dans cette question difficile de n'assimiler les espèces que dans le cas d'identité incontestable et de certitude absolue, trouvant d'ailleurs qu'il y a beaucoup moins d'inconvénients à introduire, peut-être à tort, une espèce nouvelle dans les catalogues, qu'à faire des rapprochements incertains, dont le résultat peut conduire à de fausses déductions. Une troisième espèce, le *Cidaris læviuscula*, caractérise l'oxfordien supérieur et la zone à *Ammonites tenuilobatus* de Crussol ; il est vrai que nous n'en connaissons d'Algérie qu'un seul exemplaire assez mal conservé.

En ce qui concerne enfin notre *Infraclypeus Thalebensis*, quoique le degré soit beaucoup moindre, on ne peut nier une affinité réelle et bien apparente avec certains Oursins de l'étage argovien entre lesquels il se place, et notamment avec le *Pachyclypeus semiglobus* et les *Collyrites Verneuili* et *Voltzii*. Les différences, en effet, ne portent guère que sur la direction des ambulacres, et avec le premier sur la position un peu moins élevée du périprocte.

Ainsi donc il paraît établi, après examen sérieux, que la petite faune échinologique dont nous nous occupons a dans son ensemble une tendance bien plus jurassique que crétacée, et même une signification en particulier oxfordienne.

C'est là un résultat important et inattendu, et, dans une question aussi ardue, il ne me coûte pas de reconnaître qu'il est en désaccord avec mes idées particulières et avec mes conclusions générales sur l'âge des couches de l'oued Souhella. Dans mon premier travail en effet, d'après l'ensemble de la faune et les idées généralement acceptées à ce moment, j'ai conclu qu'il y avait lieu de placer ces couches à la base de la série crétacée. Dans l'état où se trouve actuellement la question du tithonique, malgré le résultat sensiblement contradictoire auquel nous arrivons aujourd'hui, je ne vois pas encore de raisons suffisantes pour modifier ma manière de voir. Le synchronisme des gisements dont nous nous occupons avec les couches de certaines localités bien connues, dont l'âge crétacé est accepté par tout le monde, me paraît hors de discussion. Les fossiles nombreux que nous avons pu recueillir et déterminer, et que M. Hébert a bien voulu faire comparer aux types originaux dans le riche laboratoire de la Sorbonne, sont sous ce rapport très-caractéristiques. On y trouve en effet les espèces suivantes :

Ammonites ptychoicus, Quenstedt.
A. Calypso, d'Orb.
A. leiosoma, Oppel.
A. Liebigi, Oppel.
A. privasensis, Pictet (1).
A. microcanthus, Oppel.
A. elimatus, Oppel.
Terebratula janitor, Pictet.
T. Euthymei, Pictet.
T. hippopus, d'Orb.

Avec ces fossiles, il convient encore de citer quelques autres

(1) Un ou deux échantillons seulement sur une grande quantité accusent un peu les caractères des *Ammonites transitorius* et *Calisto.*

espèces dont l'assimilation est douteuse, et qui rappellent des types de Berrias, comme le *Millericrinus Boissieri*, l'*Aptychus Malbosi*, etc.; puis des Amorphozoaires très-voisins des *Gonioscyphia dichotomans*, Dumortier, et *Porostoma multiforis* de l'oxfordien de l'Ardèche.

Cet ensemble de fossiles forme, comme on le voit, avec le *Metaporhinus convexus* qui s'y trouve en quantité prodigieuse, un groupe éminemment caractéristique du tithonique supérieur, c'est-à-dire des couches n° 2 et n° 3 de la Porte-de-France, des calcaires à Céphalopodes de Stramberg, des calcaires lithographiques d'Aizy, du col de Chaudon, etc.; et l'on sait qu'en ce qui concerne ces diverses couches, il y a accord presque complet pour les classer dans le terrain crétacé.

Nous allons voir en outre maintenant, en examinant la disposition et la nature des assises, que la similitude des couches de l'oued Soubella avec celles que nous venons d'indiquer n'existe pas seulement au point de vue paléontologique, mais qu'on la retrouve dans la situation stratigraphique et même dans les caractères pétrologiques. Nous verrons en même temps comment il n'est pas possible de distinguer dans ce gisement plusieurs niveaux d'âges différents, et comment nous ne pouvons, par l'existence d'une ligne de séparation des faunes, expliquer les anomalies que nous signalons.

Ainsi que nous l'avons dit, le point où nous avons pu le mieux examiner la succession des couches tithoniques se trouve au lieu dit le Foum-Soubella, là où le torrent de ce nom franchit, en la coupant perpendiculairement, la barrière que forment les calcaires redressés de cet étage. Les talus du ravin présentent sur ce point une excellente coupe que nous reproduisons dans le diagramme ci-dessous, déjà donné dans notre première notice (fig. 1).

Les couches inférieures de la série ne sont pas toutes visibles sur cette coupe. Tronquée en A par une faille qui accole ces couches aux dolomies sombres du Kef-el-Krouma, la coupe ne laisse voir qu'une petite partie de ces couches marno-gréseuses rougeâtres, qui partout supportent le système tithonique, et qui, vers Anouel et au djebel Afghan, renferment l'*Ammonites tortisulcatus* et autres espèces de la zone à *Ammonites transversarius.* C'est donc plus à l'est qu'il faut se transporter pour bien voir les relations des couches tithoniques avec les terrains plus anciens.

Au-dessus de la faille A vient s'étager en un talus escarpé, qui forme le versant nord du *Ktef*, une série B assez puissante de marnes argileuses grises, avec des bancs minces subordonnés de calcaires rognoneux cendrés. Ces couches, qui peut-être, comme

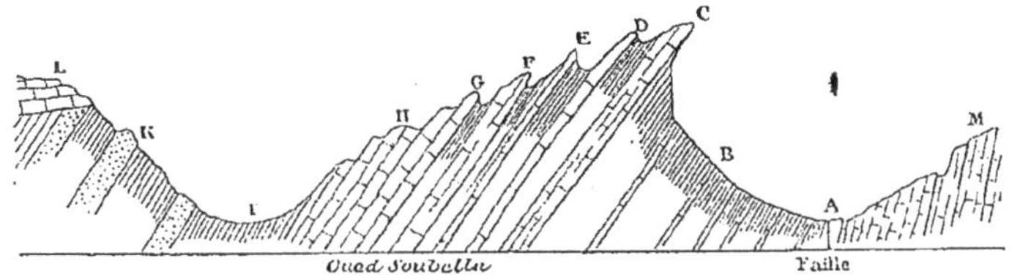

FIG. 1.

nous l'avons dit, représentent la zone à *Ammonites polyplocus*, et peut-être une partie du Jura supérieur, ne nous ont donné aucun fossile suffisant pour appuyer une opinion sur leur âge. Cependant les calcaires ne paraissent pas complétement dépourvus de restes organisés; nous y avons recueilli notamment une Ammonite très-déprimée, sans ornements et en trop mauvais état pour être déterminable; mais ce fait permet d'espérer que d'autres recherches pourront être plus heureuses, et que ce point très-important de la question pourra être élucidé.

La série précédente est terminée par quelques gros bancs C de calcaire noirâtre, très-dur, esquilleux, sublithographique, qui, s'élevant à une grande hauteur et dominant presque toujours les assises voisines, forment la longue crête dentelée qui s'étend dans la direction du djebel Bou-Thaleb, et qu'on désigne, je crois, sous le nom de *Ktef.*

Ces bancs calcaires paraissent commencer la série tithonique. Nous n'y avons pas trouvé de fossiles, mais ils sont absolument liés par tous leurs caractères aux bancs suivants, où commence la faune.

La couche D est séparée des précédentes par une petite intercalation marneuse : c'est également un calcaire foncé, sublithographique et à pâte très-fine ; la direction des strates, inclinées à plus de 50 degrés vers le sud, est en parfaite concordance avec celle des assises subordonnées. Nous n'avons pu observer là, non plus que dans les bancs précédents, aucune trace d'érosion, ni d'interruption sédimentaire. Nous n'y avons aperçu aucun indice de brèches, ni conglomérat, ni poudingue; toutefois je dois déclarer qu'il ne nous serait pas possible de nier absolument l'existence d'aucune couche bréchiforme. Notre attention n'a peut-être pas assez porté sur ce point pour que nous soyons assurés que ce caractère, souvent peu apparent, n'ait pu nous échapper. Tout ce que nous pouvons affirmer, M. Le Mesle et moi, c'est que nous avons examiné toutes ces couches avec une grande attention, et que rien de semblable à une brèche ne nous y a frappé.

Les fossiles sont abondants dans le banc D et la partie marneuse attenante. La faune débute, à notre connaissance, par les gros Oursins, que nous appelons *Infraclypeus Thalebensis*. Cet Oursin est commun dans cette couche, et paraît y être exclusivement cantonné. Nous l'avons recueilli en place, à l'aide du ciseau, le long de la petite muraille que forme le banc D sur la rive gauche du torrent. Le seul compagnon que nous ayons trouvé à l'*Infraclypeus* dans ce banc est le *Metaporhinus convexus*, qui commence également à s'y montrer assez abondamment. Sur la rive droite, où les couches sont moins saillantes et moins encaissées, on observe encore quelques autres espèces dans cette partie; mais elles paraissent provenir de mélanges d'espèces des couches supérieures.

Les parties plus marneuses E qui se superposent au banc à *Infraclypeus* sont le gisement des Ammonites sans côtes (*A. ptychoicus*, etc.) principalement. Le *Metaporhinus convexus* s'y trouve très-abondamment, et avec lui nous avons également recueilli quelques *Terebratula janitor*, l'*Holectypus afer* et le *Collyrites carinata*.

La couche suivante F est le gisement principal des *Terebratula janitor*, qu'on y peut recueillir en place et abondamment.

On y trouve aussi des Ammonites, encore de nombreux *Metaporhinus* et des *Collyrites;* mes notes, incomplètes en ce qui concerne ces derniers Oursins, ne me permettent pas d'indiquer s'il s'agit encore du *Collyrites carinata*, ou si j'ai voulu désigner certaines variétés du *Metaporhinus convexus*, que je regardais comme une espèce particulière de *Collyrites*.

Dans la partie G qui se trouve, comme les précédentes, encaissée et séparée des autres par deux murailles calcaires, nous avons surtout recueilli les Ammonites à côtes bifurquées, les *Terebratula Euthymei*, quelques *T. janitor*, le *Rhabdocidaris janitoris*, les *Aptychus*, des cônes alvéolaires de grandes Bélemnites, quelques *Metaporhinus*, des *Scyphia*, des Crinoïdes, etc.

Cette dernière partie, un peu plus puissante, paraît terminer la zone fossilifère.

Au-dessus vient presque immédiatement une série assez puissante de calcaires H à ciment, très-marneux, gris cendré, se délitant facilement à l'air et fissurés dans tous les sens, dans lesquels nous n'avons trouvé que quelques empreintes en mauvais état d'Ammonites à côtes nombreuses et bifurquées du groupe des *Callisto*.

Ces calcaires, qui correspondent très-exactement aux calcaires à ciment hydraulique de la Porte-de-France, représenteraient alors plus particulièrement l'horizon de Berrias ; mais nous le répétons, nos observations ne nous permettent de rien affirmer sur ce point. C'est seulement dans les marnes puissantes qui les surmontent que nous avons pu de nouveau retrouver des fossiles, et reconnaître alors d'une manière indubitable l'horizon des Bélemnites plates et des Ammonites ferrugineuses de la Drôme, de l'Ardèche et des Basses-Alpes.

Ainsi donc, les fossiles les plus inférieurs que nous ayons recueillis dans le petit groupe fossilifère de l'oued Soubella sont, et en cela nous sommes assurés qu'il n'y a aucune confusion, le *Metaporhinus convexus* et l'*Infraclypeus Thalebensis*. Le premier de ces Oursins se retrouve dans presque toutes les assises, et toutes les autres espèces habitent soit avec lui, soit au-dessus de lui. Le *Collyrites carinata* et l'*Holectypus afer* se trouvent en même temps en contact avec lui et à un niveau supérieur. Le *Magnosia Meslei*, qui vient d'un autre gisment, et dont la position relative était importante à préciser en raison de sa signification jurassique, a été recueilli, d'après les renseignements fournis par M. Le Mesle, sur le versant sud du djebel Afghan, au sein d'une couche où ce géologue a trouvé en même temps et tout à côté des fragments de *Terebratula janitor* et le *Terebratula Euthymei*. Ce gisement du djebel Afghan, se trouvant, d'après les coupes qui ont été dressées, exactement disposé comme celui de l'oued Soubella, on peut voir que le *Magnosia Meslei* vient plutôt de la partie supérieure de l'étage. Le *Cidaris læviuscula* vient également de ce dernier gisement, où se trouvent d'ailleurs aussi très-abondamment le *Metaporhinus convexus* et l'*Holectypus afer*. Là, comme au Bou-Thaleb et à l'oued Soubella, il est, d'après M. Le Mesle, impossible de voir autre chose qu'un seul horizon fossilifère, dont les différentes assises sont intimement unies entre elles par des espèces communes très-abondantes.

Ainsi donc, d'après la distribution que nous venons d'indiquer des fossiles au sein des couches, il ne nous est pas possible d'expliquer leur association par l'existence de niveaux distincts qu'on aurait pu confondre, ou dont on aurait à tort mélangé les fossiles.

En raison en outre de la grande quantité d'individus de quelques-unes de ces espèces que nous avons pu recueillir, et en particulier des *Holectypus afer* et *Collyrites carinata*, il devient bien difficile de considérer leur présence dans les couches tithoniques comme accidentelle, et résultant d'un remaniement des éléments préexistants.

Nous nous trouvons donc maintenant en présence d'un nouveau problème, que l'état actuel de nos connaissances sur la période de transition du jurassique au crétacé ne nous permet pas encore de résoudre. Ce nouveau problème appelle un supplément d'études sur l'étage tithonique en Algérie. Ainsi que nous l'avons dit, nous sommes persuadé que l'étude de cette région pourrait aider singulièrement à la solution des graves questions qui préoccupent si vivement le monde géologique. Mieux que partout ailleurs, peut-être, les terrains y sont disposés pour rendre ces études fructueuses. Les assises puissantes et bien concordantes qui s'étendent partout au-dessous des couches tithoniques ont été en somme peu explorées. Quoique sur plusieurs points elles ne nous aient donné aucun fossile suffisant, il est fort possible que des recherches plus persévérantes aboutissent à un meilleur résultat.

Le terrain tithonique est au surplus assez répandu dans les montagnes du sud de la province de Constantine. De nombreux points n'ont été que très-peu ou même pas du tout explorés, et l'on peut par conséquent espérer beaucoup encore d'une exploration plus complète.

J'ai ailleurs indiqué déjà l'extension du terrain tithonique dans les montagnes qui s'étendent au sud de Sétif; il présente là de nombreux affleurements, principalement sur le versant sud de ces montagnes. La carte géologique de cette région, qui a été dressée par M. Brossard (1) avec beaucoup de soin, peut donner à ce sujet de très-utiles indications. Il faut remarquer toutefois que ce géologue a compris dans un même étage et indiqué sous une même teinte le terrain tithonique et le terrain oxfordien. Il en résulte que sa teinte rouge clair, qui représente son étage J, est beaucoup plus étendue que ne le serait une teinte spéciale à l'étage tithonique ; elle existe en effet sur plusieurs points où ce dernier étage ne se montre même pas, et où l'étage oxfordien apparaît seul. A part cette imperfection et quelques autres modifications de détail qu'il convient d'apporter, comme le prolongement du tithonique à l'ouest et sur la rive droite de l'oued Soubella, son extension plus grande dans la région située au sud d'Anouel, etc., on peut, en prenant sur l'étage J de la carte de M. Brossard une bande extérieure égale à peu près à la moitié de l'étage, avoir avec une approximation suffisante l'extension géographique du terrain tithonique au sud des djebel Bou-Iche, djebel Bou-Thaleb, djebel Afghan, ainsi que les quelques îlots qui se montrent plus à l'ouest chez les Ouled-Tabben et les Righa-Dahra.

Tous ces gisements dont nous venons de parler, et sur lesquels

(1) *Essai sur la constitution géologique des régions méridionales de la subdivision de Sétif* (*Mém. Soc. géol. de France*, 2e série, 1866, t. VIII).

ont porté principalement nos recherches, sont très-éloignés de tout lieu habité, et difficilement abordables en raison de l'absence de voies de communication. Il en résulte que peu d'explorateurs sont à même de les visiter; mais il en est d'autres non moins importants que tous les voyageurs peuvent atteindre sans danger et sans fatigue, je veux parler de ceux qui se trouvent dans les montagnes du djebel Chellatah, à 8 ou 10 kilomètres seulement à l'ouest de Batna, et à proximité de la grande voie que suivent habituellement tous ceux qui viennent visiter l'Algérie. Ces gisements, où M. Coquand (1) le premier a signalé le *Terebratula dyphia*, occupent avec les marnes néocomiennes une grande dépression qui coupe la montagne en deux arêtes principales. Les couches s'y montrent parallèlement à la direction de la chaîne sur une longue étendue, et nous avons observé qu'elles s'y trouvaient exactement dans les mêmes relations qu'au djebel Bou-Thaleb, c'est-à-dire qu'elles y sont placées entre l'oxfordien gréseux rougeâtre à *Ammonites tortisulcatus* et le néocomien à *Belemnites latus*.

Dans ces localités déjà quelques fossiles intéressants ont été recueillis, qui prouvent que des recherches suivies y seraient productives. C'est ainsi que, dans les couches rougeâtres subordonnées au tithonique, M. Schlumberger a recueilli, il y a quelques années, des échantillons du *Collyrites Friburgensis*, espèce connue dans la montagne des Voirons et aux environs de Digne, et compagnon habituel des *Collyrites Voltzii* et *C. Verneuili*, d'après M. de Loriol.

Les nombreux ravins qui découpent le massif du djebel Chellatah, comme le ravin Bleu, le ravin des Ruines, le chemin des Forestiers, donnent de ces terrains d'excellentes coupes, et un voyageur installé à Batna peut dans une journée aller en relever les détails.

Espérons donc que, avant peu, de nouveaux renseignements nous parviendront sur cet énigmatique terrain, et que l'Algérie fournira aux savants les preuves décisives qu'ils ne peuvent trouver en France.

(1) *Mémoires de la Société d'émulation de Provence*, t. II, p. 23.

DESCRIPTION DES ESPÈCES.

METAPORHINUS CONVEXUS, Cotteau (Catullo), 1870.
Fig. 1-11.

METAPORHINUS TRANSVERSUS, Peron, *Bulletin de la Soc. géol.*, 1872, t. XXIX, p. 187.

Le *Metaporhinus convexus* a déjà été décrit bien des fois, et c'est l'un des fossiles qui caractérisent le mieux les couches que certains géologues ont désignées sous le nom de *tithoniques*. MM. Cotteau (1) et de Loriol (2) l'ont étudié minutieusement, et nous n'essayerions pas de le décrire de nouveau, si le nombre considérable d'exemplaires que nous avons eus à notre disposition (plus de trois cents) ne nous permettait d'ajouter à ce que l'on a dit avant nous quelques observations nouvelles.

Nous suivrons l'animal dans toutes les phases de son développement ; et, pour plus de méthode, nous distinguerons trois âges : nous considérerons comme appartenant au jeune âge les individus qui ne dépassent pas 24 millimètres en longueur ; l'âge moyen comprendra les exemplaires qui varient entre 25 et 30 millimètres ; au delà de ce chiffre, l'animal a atteint tout son développement.

Comme l'a fort bien fait remarquer M. Peron (3), la forme abrupte et gibbeuse, dont on fait un des caractères importants de cette espèce, n'est pas toujours constante, même dans les grands individus. Nous croyons donc utile d'indiquer les proportions d'un assez grand nombre d'échantillons.

Jeune âge. — Proportions différentes.

	Longueur.	Largeur.	Hauteur.
Nos 1..........	12 millim.	11 millim.	8 millim.
2..........	14	13	11
3..........	15	14	10
4..........	19	17	10
5..........	20	20	14
6..........	23	22,5	15
7..........	24	22	14

(1) *Paléont. française* (Échinides jurassiques), t. I, p. 28 et 504.
(2) *Échinologie helvétique* (partie jurassique), p. 383.
(3) *Loc. cit.*

Les individus de cette série ont généralement un aspect allongé, une forme rétrécie en arrière, mais toujours coupée carrément; la hauteur est relativement médiocre. Le dessus est aplati, et incline doucement de chaque côté. Le périprocte, piriforme, est large à la base, et acuminé à la partie supérieure. MM. Cotteau et de Loriol ont déjà signalé ces caractères du jeune âge. Au premier aspect, ces exemplaires diffèrent beaucoup des adultes, et nous avions cru d'abord, avec M. Peron, être en présence de quelque espèce nouvelle de *Collyrites*. Mais beaucoup d'autres caractères relient ces individus à ceux dont la forme est le plus typique. D'abord l'appareil apical est le même : quatre plaques génitales en contact au sommet antérieur, et trois plaques ocellaires, très-petites, qui s'intercalent dans les angles des premières (1). Ce seul caractère suffit pour exclure nos échantillons du genre *Collyrites*. Les ambulacres postérieurs sont situés immédiatement au-dessus du périprocte, et sont complétement identiques, comme les ambulacres antérieurs, pour la forme et la disposition des pores, aux ambulacres des adultes. La position du péristome, le sillon antérieur, offrent également une ressemblance parfaite, et cette partie s'élève en pente abrupte jusqu'au sommet. En présence de tant de caractères identiques, il nous a été impossible de voir dans ces individus, malgré la différence de forme, autre chose que le jeune âge du *Metaporhinus convexus*.

Quelques-uns de nos exemplaires jeunes, ceux entre autres que nous avons désignés, dans les proportions indiquées plus haut, par les n°s 5 et 6, se rapprochent beaucoup plus de la forme des adultes, et servent parfaitement à établir le passage entre les deux formes extrêmes. Il n'y a pas à s'étonner de ces différences; elles existent dans les jeunes de presque toutes les espèces, et cela dans la plupart des branches de la zoologie : les

(1) L'appareil apical grossi présente bien l'aspect que lui a donné le dessinateur (fig. 11), et les ambulacres paraissent se diriger vers les plaques oviducales postérieures; tandis que, en réalité, ils aboutissent à de petites plaques ocellaires anguleuses presque microscopiques, très-difficiles à voir, placées à l'angle des plaques oviducales, et dont le dessinateur n'a pas tenu compte.

caractères qui distinguent les jeunes des adultes disparaissent plus vite chez certains individus que chez d'autres.

Le n° 7 est le plus grand de nos exemplaires allongés ; cette forme ne persiste pas au delà de cette taille.

Age moyen. — Proportions différentes.

	Longueur.	Largeur.	Hauteur.
Nos 1.........	25 millim.	25 millim.	15 millim.
2.........	25	25	15
3.........	25	25	18
4.........	25	25	20,5
5.........	27	27	22
6.........	28	28	22

Comme on le voit par ces chiffres, la forme s'élargit ; le diamètre transversal n'est jamais inférieur au diamètre longitudinal. Toutefois les exemplaires de cette taille n'ont pas encore tous la forme des adultes : quelques-uns sont peu élevés, et cette forme déprimée leur donne un aspect tout différent. Il n'est pas possible néanmoins de les séparer spécifiquement de ceux à taille plus haute et plus abrupte. Il n'existe point d'autre caractère distinctif que cette différence de hauteur ; et il serait facile, avec nos nombreux échantillons, de composer une série les reliant par une progression insensible aux types les plus opposés. Rien n'est plus inconstant dans les Échinides que la hauteur ; et à côté de ces exemplaires déprimés, la moitié au moins des individus de même diamètre atteignent proportionnellement la hauteur des plus grands. Les caractères que nous ne mentionnons pas sont complétement identiques à ceux des adultes. Le sommet apical est toujours en avant ; mais bien rarement, il représente le point le plus élevé de l'Oursin : c'est généralement au centre que se trouve le point culminant. Cette particularité change la physionomie de l'ensemble. Dans la plupart des exemplaires, la partie antérieure présente une courbe plus adoucie, moins abrupte que dans les figures de la *Paléontologie française* et de l'*Échinologie helvétique*. La partie postérieure reste toujours tronquée carrément, avec une sorte de saillie plus ou moins prononcée au-dessus du périprocte, et un léger sillon au-dessous.

Age adulte. — Proportions différentes.

	Longueur.	Largeur.	Hauteur.
Nos 1.........	33 millim.	34 millim.	24 millim.
2.........	35	36	26

C'est aux individus de cette taille que se rapportent surtout les descriptions données par les différents auteurs. Nous devons dire tout de suite que ces grands exemplaires sont presque une exception en Algérie, puisque, sur trois cents, nous n'en possédons que trois ou quatre, dont le diamètre longitudinal excède 30 millimètres; mais tous sont plus larges que longs, et ils sont généralement conformes aux descriptions données. L'ambulacre antérieur, dont les pores diffèrent à peine de ceux des autres ambulacres, est logé dans un sillon médiocre, mais qui se creuse en approchant du péristome, et échancre très-sensiblement le pourtour. Le périprocte est plus arrondi que dans les jeunes. Mais dans quelques-uns de nos exemplaires, la courbe supérieure, comme dans les individus de l'âge moyen, est encore adoucie. Les autres, au contraire, ont la forme subitement relevée en avant et abrupte qu'indiquent toutes les descriptions, mais qui n'est pas le caractère le plus constant, comme nous l'ont prouvé les nombreux échantillons que nous avons sous les yeux.

Tous les exemplaires recueillis en Algérie, quel que soit leur âge, ont à la partie postérieure deux protubérances déterminées par le sillon subanal. Les auteurs de l'*Échinologie helvétique* (1) se sont servis de ce caractère pour distinguer le *Met. convexus* du *Met. Berriasensis*, qui accompagne à Berrias le *Terebr. diphyoides*. Nous devons constater, à l'appui de leur théorie, que tous nos exemplaires du Bou-Thaleb, recueillis avec le *Terebr. ianitor*, portent cette double protubérance, comme ceux qu'on a trouvés en Europe dans les mêmes couches.

Observations. — Le genre *Metaporhinus* ne diffère du genre *Dysaster* que par l'ambulacre antérieur, dont les pores ne sont pas semblables à ceux des autres ambulacres. Cette différence,

(1) *Échinologie helvétique* (partie jurassique), p. 385.

assez prononcée dans les autres espèces du genre, est à peine sensible dans le *Metaporhinus convexus*. Les limites des deux genres sont donc bien étroites, car on ne peut guère ajouter comme différence la hauteur généralement plus considérable des *Metaporhinus ;* nous avons vu que cette hauteur n'est pas toujours constante. Toutefois nous croyons qu'il est bon de maintenir les deux genres, parce que le caractère qui les distingue, quelque peu sensible qu'il soit, est d'une grande importance. C'est en effet un caractère exceptionnel dans les Oursins jurassiques, et un acheminement vers les ambulacres des Spatangoïdes, si abondants dans les terrains crétacés.

Localités. — Foum-Soubella, Foum-Anouel (djebel Bou-Thaleb), Teniet-Afghan (djebel Afghan), au sud de Sétif. Zone à *Terebr. janitor*. — Très-abondant.

Collections Peron, Gauthier, Le Mesle, Cotteau, Coquand, de Loriol.

Collyrites carinata (Leske), Des Moulins, 1837.

Fig. 12-18.

Collyrites Malbosi, Peron, *Bulletin de la Soc. géol.*, 1872, t. XXIX, p. 187.

Nous avons eu entre les mains huit exemplaires de cette espèce ; sept sont parfaitement conformes aux figures données dans la *Paléontologie française* (1). Le dos est plus ou moins caréné, la partie postérieure acuminée ; le périprocte, arrondi, est situé à l'extrémité inférieure du rostre postérieur ; la partie antérieure, relativement assez large, offre un sillon qui part du péristome, et ne s'élève pas au-dessus de l'ambitus. Un de nos échantillons excède les proportions ordinaires, et atteint une longueur de 37 millimètres. Le huitième exemplaire a une hauteur proportionnelle plus considérable ; la face supérieure présente une carène nettement accusée et presque horizontale, et dès lors les côtés sont plus déclives et en forme de toit.

Remarques. — Cette dernière variété se rapproche du *Collyrites Malbosi*, de Loriol, recueilli à Berrias, et nous devons

(1) *Échinides jurassiques*, pl. 18.

ajouter que nous avons longtemps hésité à joindre spécifiquement cet exemplaire aux sept autres. Le sillon ambulacraire antérieur est plus accentué, et c'est encore un caractère de plus qui le rapproche du *C. Malbosi*. Nous ne connaissons cette dernière espèce que par la figure qu'en a donnée M. de Loriol (1). Nous avons cherché à nous procurer les types pour comparer notre exemplaire à ceux de Berrias ; mais les deux seuls exemplaires authentiques du *C. Malbosi* sont enfouis dans le musée de Privas, et il nous a été impossible d'en obtenir communication, même pour quelques heures.

Quatre espèces de *Collyrites* sont très-voisines : le *C. carinata*, Des Moulins, qu'on rencontre ordinairement dans des couches du Jura supérieur, dont la position a été l'objet de nombreuses discussions ; le *C. Malbosi*, de Loriol, spécial jusqu'à présent à Berrias ; le *C. ovulum*, d'Orbigny, assez abondant dans les couches du néocomien moyen ; et le *C. Jaccardi*, Desor, qu'on rencontre dans le valangien et le néocomien. Cette dernière espèce se distingue facilement par la position de son périprocte, à peine visible d'en bas ; le *C. ovulum* est plus arrondi, plus élargi dans son ensemble, plus convexe sur le dos ; le *C. Malbosi* a une forme plus carénée à la partie supérieure, et cette carène forme une ligne plus horizontale. Nous avons soigneusement comparé toutes ces espèces, et c'est bien au *C. carinata* que se rapportent nos exemplaires, sauf toutefois celui qui se rapproche du *C. Malbosi*, mais que nous n'osons rapporter à cette espèce, d'abord parce qu'elle ne nous est connue que par une figure, puis parce que nous croyons reconnaître dans nos échantillons des variations qui relient entre elles ces formes différentes.

L'horizon du *C. carinata* n'a pas encore été nettement déterminé en Europe. La *Paléontologie française* (2) n'indique pour localité en France que Lemenc, oxfordien supérieur. L'*Échinologie helvétique* (3) le place dans les couches de Baden à *Amm.*

(1) Pictet, *Mélanges paléontol.*, pl. 27, fig. 5.

(2) *Paléontologie française* (Échinides jurassiques), p. 85.

(3) *Échinologie helvétique* (partie jurassique), p. 374.

tenuilobatus. Nous en possédons un exemplaire provenant de Crussol (Ardèche), dans des couches supérieures à l'oxfordien, qui, avec les fossiles de la zone à *A. tenuilobatus*, renferment encore le *Cid. læviuscula*, Agassiz, le *Cid. alpina*, Cotteau, et l'*Holectypus orificiatus*, Schlottheim.

LOCALITÉS. — Foum-Soubella, Foum-Anouel (djebel Bou-Thaleb), département de Constantine. — Zone à *Terebr. janitor*. — Assez commun.

Collections Peron, Gauthier, Cotteau.

Genre INFRACLYPEUS. Gauthier, 1875.

Oursins de grande taille, à forme hémisphérique plus ou moins déprimée. Le péristome est ovale, oblique de droite à gauche, sans floscelle ni entailles, placé au centre de la face inférieure. Le périprocte est inférieur, mais il atteint le bord, qu'il échancre légèrement dans certains exemplaires. A la partie supérieure, et faisant suite au périprocte, se trouve sur la suture médiane de l'aire impaire un léger sillon qui remonte jusqu'au sommet, et paraît occupé par de petites plaques allongées et distinctes. Les ambulacres sont apétaloïdes, étroits, superficiels, et analogues, pour la structure des pores, à ceux des Collyritidés. Les pores ne paraissent pas se multiplier aux approches du péristome. Les cinq ambulacres se rejoignent à la partie supérieure, aboutissant à un appareil apical allongé, mais unique, assez semblable à celui des *Pachyclypeus* et des *Hyboclypeus*, formé de plaques génitales et de plaques ocellaires directement superposées et en contact par leur bord interne.

Rapports et différences. — Le genre *Infraclypeus* est voisin des *Pachyclypeus;* il en diffère par la position du périprocte, et par le léger sillon qui remonte de celui-ci jusqu'au sommet. Il s'éloigne des *Collyrites* par son appareil apical unique, ainsi que par la position infra-marginale du périprocte.

Infraclypeus Thalebensis, Gauthier, 1875.
Fig. 19-22, 30 et 31.

Pachyclypeus, sp. nov.? Peron, *Bulletin de la Soc. géol.*, 1872, t. XXIX, p. 188.

Diamètre	75 mill.
Hauteur	40

Autre exemplaire :

Diamètre	61 mill.
Hauteur	33

Forme hémisphérique ou discoïdale, subcirculaire à la base, un peu rétrécie en arrière. Le sommet ambulacraire est subcentral, un peu rejeté en arrière, et c'est en même temps la partie la plus élevée. La face inférieure est presque plane, plus ou moins déprimée autour du péristome; l'aire de l'interambulacre impair se renfle aux approches du périprocte. Celui-ci est ovale, large, entouré de protubérances qui se prolongent en se rapprochant jusqu'au péristome. Les ambulacres sont formés de pores petits, obliques, médiocrement serrés, et visibles partout; à la face inférieure, ils sont logés dans une légère dépression. Les ambulacres pairs antérieurs sont très-écartés, presque perpendiculaires, en partant du péristome, à l'ambulacre impair; ils forment une courbe peu prononcée en aboutissant au sommet. L'ambulacre impair est droit, superficiel, non logé dans un sillon. Les ambulacres postérieurs sont moins écartés, mais ils passent néanmoins assez loin du périprocte. Les tubercules sont petits, rares, et disséminés sans ordre apparent; la granulation est fine, homogène. Les autres caractères sont ceux du genre.

Rapports et différences. — L'*Infraclypeus Thalebensis* est jusqu'à présent la seule espèce du genre. Nous avons pu en étudier treize exemplaires, tous de conservation imparfaite. Ils diffèrent du *Pachyclypeus semiglobus*, Desor, par les caractères que nous avons indiqués dans la diagnose du genre, par une taille plus considérable, quoique plus déprimée. Ils offrent quelque ressemblance à la face inférieure avec le *Collyrites Voltzii*, Agassiz, et le *Coll. Verneuili*, Cotteau, qui sont des anomalies dans le genre *Collyrites*. Mais dans ces deux espèces, les ambulacres postérieurs, plus ou moins rapprochés du périprocte, aboutissent évidemment à un second centre ambulacraire fort éloigné de celui vers lequel convergent les trois autres ambulacres, tandis que dans l'*Infraclypeus Thalebensis* le périprocte est complétement à la face inférieure, et dès lors n'est pas entouré par les ambulacres postérieurs qui se dirigent en droite ligne vers un sommet unique.

Localité. — Foum-Soubella (djebel Bou-Thaleb). — Zone à *Terebr. janitor*. — Assez commun.

Collections Peron, Gauthier, Cotteau.

Holectypus afer, Gauthier, 1875.
Fig. 23-29.

Holectypus, sp. ind., Peron, *Bulletin de la Soc. géol.*, 1872, t. XXIX, p. 189.

Diamètre de notre plus grand exemplaire......... 32 mill.
La hauteur varie de 0,54 à 0,64 du diamètre.

Espèce de taille moyenne. Forme circulaire, hémisphérique, parfois déprimée. Le pourtour est renflé, le dessous pulviné, avec une dépression assez sensible autour du péristome. Appareil apical étroit. La plaque madréporiforme est assez saillante, mais les autres plaques génitales sont de petite dimension. La plaque génitale postérieure manque, et est remplacée par une plaque supplémentaire imperforée, ce qui, d'après une observation de M. Cotteau, que rien jusqu'à présent n'a démentie, est un caractère des espèces jurassiques. Zones porifères à fleur de test, étroites, formées de pores petits et obliquement disposés, très-visibles partout. Ambulacres assez étroits; on y compte à l'ambitus six rangées verticales de tubercules petits, mais assez réguliers.

Interambulacres larges : on n'y compte pas moins de quatorze rangées de tubercules dans les grands exemplaires ; mais il s'en faut beaucoup que toutes ces rangées parviennent jusqu'au sommet. Granulation miliaire très-fine et irrégulière. Péristome petit, assez fortement entaillé, décagonal, un peu ovale dans le sens perpendiculaire au périprocte. Périprocte assez large, ovale, à peine rétréci dans la partie voisine du péristome, dont il est séparé par une bande relativement assez large ; il ne s'étend pas complétement jusqu'au bord externe.

Rapports et différences. — Cette espèce est très-voisine de l'*Hol. orificiatus*, Schlottheim, tel du moins qu'il est décrit dans l'*Échinologie helvétique* (1). Il est même très-difficile, au premier coup d'œil, de distinguer les deux espèces. Voici les différences que nous avons trouvées constantes sur tous nos exemplaires, au nombre de six. Le périprocte est un peu moins grand dans notre espèce ; il est moins rapproché du péristome, et arrondi dans cette partie au lieu d'être acuminé. Ce dernier caractère a d'ailleurs peu de valeur, le périprocte étant terminé dans les *Holectypus* par une plaque triangulaire, souvent caduque, dont la présence ou l'absence donne une extrémité arrondie ou acuminée. Le péristome est plus petit que dans l'*Hol. orificiatus*. Les rapports de son diamètre avec le diamètre total de l'Oursin varient entre 0,19 et 0,23 ; tandis que dans l'*Hol. orificiatus*, ce même diamètre mesure de 0,25 à 0,28 du diamètre total. Les entailles de l'*Hol. afer* paraissent plus marquées, et la forme du péristome est légèrement ovale, ce que n'indique pas, pour l'*Hol. orificiatus*, la description de M. de Loriol (2). Les tubercules des interambulacres sont plus serrés, plus réguliers dans notre espèce, que dans la figure grossie de l'*Échinologie helvétique* (3).

LOCALITÉ. — Foum-Soubella (Bou-Thaleb). — Zone à *Terebratula janitor*.

Collections Peron, Gauthier, Cotteau.

(1) *Échinolog. helvét.* (partie jurassique), p. 268, pl. 46, fig. 1-2.
(2) *Loc. cit.*
(3) Partie jurassique, pl. 46, fig 1d.

CIDARIS LÆVIUSCULA, Agassiz, 1840.

Fig. 32-35.

Diamètre	26 mill.
Hauteur	12

Nous ne connaissons de cette espèce qu'un seul exemplaire que nous rapportons au *Cidaris læviuscula*, Agassiz, Nous ne reviendrons pas sur les caractères généraux de cette espèce, décrite avec beaucoup de soin par M. de Loriol dans l'*Échinologie helvétique* (1). Notre exemplaire s'éloigne un peu du type par sa zone miliaire moins large; mais il s'en rapproche par tous ses autres caractères, par ses aires ambulacraires très-légèrement sinueuses, garnies seulement de deux rangées externes de granules saillants; par ses aires interambulacraires relativement assez larges, munies de quatre ou cinq tubercules de médiocre grosseur, crénelés et perforés, et diminuant rapidement de volume à la face inférieure; par ses six scrobicules entourés d'un cercle complet de granules petits, mais cependant distincts; et enfin par sa zone miliaire très-peu granuleuse, presque lisse au milieu.

Rapports et différences. — Le *C. læviuscula* est voisin du *C. elegans;* il s'en distingue par ses aires ambulacraires garnies de deux rangées de granules plus rapprochées, et ne laissant pas entre elles cet espace lisse qui caractérise le *C. elegans*. Parmi les *Cidaris* crétacés, notre exemplaire pourrait être comparé au *C. pustulosa*, A. Gras: mais cette dernière espèce paraît plus élevée; ses tubercules sont moins développés, et entourés de granules plus apparents.

Le *C. læviuscula* a été recueilli dans un grand nombre de localités de France et de Suisse; il est abondant à Crussol (Ardèche), et à Birmensdorf, canton de Soleure (Suisse).

LOCALITÉ. — Djebel Afghan (versant sud de la maison forestière). — Zone à *Terebratula janitor*. — Exemplaire unique. Collection Gauthier.

(1) De Loriol, *loc. cit.*, p. 18.

RHABDOCIDARIS JANITORIS, Gauthier, 1875.
Fig. 36 et 37.

Nous décrivons sous ce nom un fragment assez considérable de radiole, que M. Peron a recueilli parmi les fossiles du Bou-Thaleb. Ce radiole est épais, de grande taille, presque cylindrique, mais comprimé de telle sorte que la section donne un ovale régulier. Le diamètre est le même dans toute la longueur. La tige se rétrécit brusquement pour former la collerette, qui est épaisse, mais très-courte, d'apparence lisse ; le bouton nous est inconnu. La tige est couverte de lignes saillantes, subgranuleuses, très-ténues et très-rapprochées, parfaitement parallèles dans le sens de la longueur. Ces lignes commencent à la collerette par quelques protubérances mousses et allongées, reliées entre elles, très-effacées, et qu'on ne distingue bien qu'à la loupe. Il n'y a ni épines, ni tubercules isolés. Entre les lignes se trouvent des sillons peu profonds, et qui paraissent lisses.

Rapports et différences. — M. de Loriol a décrit, parmi les fossiles de la brèche de Lémenc (1), un fragment de radiole cylindrique, qu'il rapporte au *R. caprimontana*, Desor. Ce fragment ressemble assez à celui que nous décrivons ; mais nous n'avons pu découvrir sur la tige de notre exemplaire les stries qui remplissent l'intervalle des lignes longitudinales. Peut-être devrions-nous néanmoins rapporter aussi notre radiole au *Rh. caprimontana*, dont quelques exemplaires affectent la forme subcylindrique. Nous pourrions avec autant de raison le rapporter au *Rh. copeoides*, dont les radioles sont analogues à ceux du *Rh. caprimontana*. Mais on a attribué à ces deux espèces tant de radioles différents, que la moitié des baguettes de *Rhabdocidaris* pourraient leur appartenir. Le radiole que nous décrivons s'éloigne de l'une et de l'autre par l'uniformité de la tige, par l'épaisseur plus considérable de la collerette, par l'absence d'épines, dont la présence est le seul caractère à peu près constant dans ce qu'on est convenu d'appeler les radioles du *Rh. caprimontana*.

(1) Pictet, *Mélanges paléont.*, p. 278, pl. 42, fig. 6.

Parmi les *Rhabdocidaris* crétacés, le *Rh. Jauberti*, Cotteau, a une forme assez analogue au *Rh. janitoris;* mais l'ornementation de la tige est toute différente.

LOCALITÉ. — Foum-Soubella (Bou-Thaleb). Très-rare. — Zone à *Terebr. janitor.*

Collection Peron.

MAGNOSIA MESLEI, Gauthier, 1875.

Fig. 38-43.

Diamètre	15 mill.
Hauteur	7
Diamètre du péristome	4

Forme circulaire, assez déprimée; ambitus arrondi, dessous subpulviné. Appareil apical circulaire, assez saillant. Les plaques sont granuleuses, larges, mais courtes, et donnent à l'ensemble l'aspect d'un anneau étroit. La plaque madréporiforme est d'aspect spongieux. Zones porifères étroites ; pores disposés par simples paires, ne paraissant pas se multiplier à l'approche du péristome. Aires ambulacraires extrêmement étroites. Les granules sont tellement rapprochés, qu'ils semblent intercalés, et ne forment pour l'œil qu'une rangée unique, parfaitement rectiligne de la bouche au sommet.

Aires ambulacraires larges, couvertes de rangées obliques et serrées de granules homogènes, nombreux et réguliers. Ces granules augmentent sensiblement de volume à la partie inférieure. L'aire interambulacraire est divisée verticalement en deux parties égales par un sillon qui va de la bouche au sommet. Les rangées obliques de granules, en aboutissant à ce sillon, forment un chevron bien accentué. Le nombre de ces granules est de neuf à dix de chaque côté du sillon, pour les plaques qui en portent le plus.

Péristome petit. L'état du seul exemplaire que nous possédions ne nous permet pas de voir s'il y a des entailles.

Remarques. — Nous mettons cette espèce dans le genre *Magnosia*, tout en reconnaissant qu'elle tient par plus d'un caractère au genre *Cottaldia*. L'étroitesse du péristome, dont le diamètre n'est guère que le quart du diamètre total, la forme arrondie du pourtour, semblent la rattacher à ce dernier genre. Nous avons cru toutefois devoir la rapporter au genre *Magnosia*, à cause de son ensemble plus déprimé que ne le sont ordinairement les espèces du genre *Cottaldia*; à cause de la disposition oblique des granules, tandis qu'ils affectent dans les *Cottaldia* une direction horizontale, et surtout à cause de l'extrême étroitesse des aires ambulacraires. Le *Magnosia Meslei* est un type intermédiaire entre les deux genres, d'ailleurs si voisins.

Rapports et différences. — Le *Magnosia Meslei* se rapproche beaucoup du *Magn. decorata*, Desor, qui forme déjà un type exceptionnel dans le genre *Magnosia*. La disposition des granules est à peu près la même, et le péristome est très-petit dans les deux espèces. Mais il est encore moins large dans la nôtre; les aires ambulacraires sont plus étroites; le pourtour est plus arrondi, et les pores ne se multiplient pas à l'approche du péristome, tandis qu'ils sont très-multipliés dans le *Magn. decorata*.

Cette intéressante espèce a été recueillie par M. Le Mesle, à qui nous nous faisons un plaisir de la dédier.

Localité. — Djebel Afghan, versant sud, au sud de la maison forestière du Bou-Thaled. — Zone à *Terebr. janitor*.

Collection Gauthier.

CHAPITRE II. — Étage néocomien.

Renseignements stratigraphiques, par M. A. Peron.

Les terrains qui, en Algérie, représentent l'étage néocomien proprement dit, sans occuper dans ce pays de larges espaces, y sont cependant assez répandus. On les trouve dans la région du Tell, dans la deuxième chaîne de montagnes, et dans les hauts plateaux du sud, jusqu'aux confins extrêmes du Sahara.

Dans ces diverses régions, ils se présentent avec un facies différent, de sorte qu'il n'est pas toujours facile, ni même possible, de saisir les relations qu'ont entre eux les divers gisements.

En règle générale, les terrains néocomiens du Tell paraissent présenter le facies vaseux pélagique (1). Leurs faunes, presque uniquement composées de Céphalopodes, sont riches en Bélemnites et en Ammonites. Ceux des hauts plateaux et du Sahara, au contraire, affectent le caractère littoral ou d'eaux peu profondes : tantôt avec le facies corallien, comme dans le djebel Bou-Thaleb ; tantôt avec le facies ostréen, comme dans le sud des provinces de Constantine et d'Alger, où les Bivalves dominent, et en particulier les Huîtres, les Moules et les Avicules.

Quoique ainsi répandu, le terrain néocomien a été fort peu étudié en Algérie. Sa faune échinologique en particulier est complétement inconnue, et c'est à peine si une ou deux espèces, que nous verrons d'ailleurs être fort douteuses, en ont été citées.

Cet étage a été signalé réellement pour la première fois dans notre colonie par M. Coquand. En 1854, le savant professeur, dans sa description de la province de Constantine (2), a indiqué avec détail plusieurs gisements importants dans la partie nord de cette province. Quelques années après, M. Ville (3), ingénieur en chef des mines, signala la présence de ce terrain à l'est de Tlemcen, dans la province d'Oran, et donna une petite liste de fossiles de cette région, éminemment caractéristique en effet de l'étage néocomien.

En 1862, dans sa deuxième étude sur la province de Constantine, M. Coquand (4) signala de nouveau les marnes néocomiennes à Bélemnites plates dans les environs de Batna ; mais il ne fit pas mention du gisement de néocomien jurassien qui surmonte ces mêmes marnes. Ce n'est que plusieurs années après, en 1866, que M. Brossard (5), dans son intéressant mémoire sur le sud de la subdivision de Sétif, a fait connaître l'existence dans les montagnes du djebel Bou-Thaleb de couches représentant cet horizon.

(1) Nous verrons, quand nous aurons à traiter des étages de la craie moyenne et supérieure, que cette observation peut s'appliquer également à eux

(2) *Mém. Soc. géol. de France*, 2e série, 1854, t. V, 1re partie.

(3) *Notice minéralogique sur les provinces d'Alger et d'Oran*, 1857, p. 3.

(4) *Mém. Soc. d'émulation de la Provence*, t. II, p. 29.

(5) *Mém. Soc. géol. de France*, 2e série, t. VIII.

Dans un catalogue des fossiles de la province d'Alger qu'il publia en 1870, et qui n'est guère que la reproduction de listes déjà relevées par M. Coquand, M. Nicaise (1) a donné quelques notes stratigraphiques, où il indique encore la présence de l'étage néocomien aux environs de Teniet-el-Haad, près du cimetière de cette ville et sur la rive droite de l'oued Rherga.

Il y aurait lieu de croire en effet, d'après la liste qu'il donne des fossiles de cette localité, que l'étage néocomien vrai s'y trouve réellement; mais l'indication dans ces mêmes couches de certaines espèces qui, comme l'*Heteraster oblongus* et autres, ne se trouvent toujours que beaucoup plus haut, nous fait penser qu'il peut y avoir quelques confusions d'étages. Il est d'ailleurs évident que M. Nicaise comprend dans l'étage néocomien proprement dit toutes les assises aptiennes à facies rhodanien.

Nous avons encore enfin à mentionner quelques renseignements généraux sur le groupe néocomien que donne M. Pomel (2) dans ses *Mémoires sur le Sahara et sur le massif de Milianah*.

Les localités qui ont été particulièrement étudiées par M. Coquand sont : le djebel Taïa, entre Philippeville, Constantine et Ghelma; le djebel Sidi-Raïs et la localité dite Aïn-Zaïrin.

Au djebel Taïa, d'après le savant géologue (3), au pied des grands bancs de calcaires jurassiques qui forment la montagne, viennent buter, en discordance de stratification sur le versant méridional, des marnes et argiles qui renferment : *Belemnites pistilliformis*, *B. latus*, *B. dilatatus*; *Ammonites Juilleti*, *A. semisulcatus*, *A. Thetys*, *A. diphyllus*, *A. strangulatus*, etc., etc. Ces couches, dont la faune indique bien clairement le synchronisme avec le néocomien inférieur des Alpes et de l'Ardèche, sont recouvertes à l'ouest par d'autres marnes à Ammonites aptiennes; elles s'étendent au sud sur les bords de l'oued Zenati.

Le deuxième gisement décrit par M. Coquand est beaucoup

(1) *Catalogue des animaux fossiles de la province d'Alger* (*Bull. de la Soc. de climatologie*, p. 11).

(2) *Le Sahara*, Alger, 1872, p. 32. — *Description du massif de Milianah*, 1873, p. 16.

(3) *Loc. cit.*, p. 67.

plus méridional; il se trouve au djebel Sidi-Raïs, montagne isolée, au pied de laquelle passe la route de Constantine à Tebessa. Là les couches néocomiennes affleurent à peu près dans les mêmes conditions qu'au djebel Taïa; mais elles sont plus intéressantes encore, en raison des gîtes d'antimoine oxydé qu'elles renferment.

Entre ces deux gisements extrêmes, il s'en trouve plusieurs autres présentant les mêmes caractères, notamment dans le massif raviné de l'oued Cheniour et au sud du djebel Oum-Setas, à une journée de marche dans le sud-est de Constantine. M. Coquand donne de ce dernier gisement, qu'il a exploré auprès du campement d'Aïn-Zaïrin, une description intéressante (1), car la succession y serait tout à fait complète depuis le néocomien inférieur jusqu'à la craie blanche. Nous avons essayé nous-même de retrouver cette localité; mais, trompé par des indications erronées, nous avons fait fausse route, et nous avons perdu dans ces ravins toute la journée dont nous pouvions disposer, sans y rencontrer les couches néocomiennes.

De même que dans les gisements indiqués ci-dessus, ces couches comprennent là des argiles grises délayables, avec couches calcaires subordonnées occupant le fond d'un vallon, le tout très-riche en Bélemnites et Ammonites ferrugineuses de la zone des marnes à Bélemnites plates des Alpes et du midi de la France. Aucune assise inférieure à celles-là n'est visible dans ces parages, mais au contraire la série supérieure y est complétement et largement représentée, et M. Coquand y a retrouvé les différents termes de sa nomenclature.

M. Coquand (2) indique seulement deux Oursins dans les gisements néocomiens dont nous venons de parler : ce sont l'*Echinospatangus cordiformis* et l'*Holaster l'Hardyi* (*H. intermedius*). Il eût été intéressant pour nous de retrouver et de pouvoir utiliser pour notre travail ces deux espèces si caractéristiques; mais M. Coquand ne les ayant pas en sa possession et ne les ayant citées, je crois, que sur le témoignage d'autres explorateurs,

(1) *Loc. cit.*, p. 86.
(2) *Loc. cit.*, p. 88.

il ne nous est pas possible de les comprendre dans notre catalogue.

Après la mention que nous venons de faire des résultats auxquels est arrivé M. Coquand, et pour tenir compte, dans ce petit aperçu historique, de tous les renseignements que nous possédons sur la matière, il est nécessaire de faire remarquer que M. Hardouin qui, en 1868, a publié une carte géologique de la subdivision de Constantine, n'admet comme néocomien aucun des gisements que nous venons de citer. D'après ce géologue, il n'y aurait rien de néocomien dans la subdivision (1), si ce n'est quelques couches à *Chama ammonia* dans la chaîne du Fedjouj à Foum-el-Hamia. Les gisements d'Aïn-Zaïrin, de Taïa, etc., sont placés par lui dans le cénomanien, voire même dans les terrains tertiaires. Nous nous contentons de mentionner ces rectifications sans vouloir en partager la responsabilité. Nous sommes loin d'ailleurs, en ce qui concerne plusieurs autres questions abordées par M. Hardouin dans la courte explication qu'il a donnée de sa carte, de partager sa manière de voir et d'accepter ses conclusions.

Quant à la présence du néocomien vrai, au moins dans certaines parties du Tell, elle est, à notre avis, indiscutable.

Nous possédons en effet, provenant de la tribu des Eulmas, au nord-est de Sétif, entre Sétif et Constantine, quelques fossiles en fer pyriteux admirablement conservés, qui, tels que l'*Ammonites Grasianus* et l'*Ammonites Asticrianus*, indiquent nettement l'existence de ce terrain dans cette partie de la province.

Indépendamment de ces gisements du nord de la province de Constantine, M. Coquand, comme nous l'avons dit plus haut, a fait connaître (2) plus tard un autre gisement des marnes à Bélemnites, qu'il a observé dans le djebel Chellatah, à l'ouest de Batna. Ce gisement, qui a de très-grandes analogies avec ceux dont nous allons avoir à nous occuper, doit être rapporté au

(1) *Sur la géologie de la subdivision de Constantine* (*Bull. Soc. géol. de France*, t. XXV, p. 341).

(2) La subdivision de Constantine comprend les cercles de Philippeville, Collo, Djijelli, Constantine, Aïn-Beida et Tebessa.

même ensemble. Nous l'avons nous-même reconnu, et, quoique la rapidité avec laquelle nous avons dû l'examiner ne nous ait pas permis d'y recueillir de fossiles, nous pouvons du moins affirmer que sa situation stratigraphique et ses caractères pétrologiques sont bien les mêmes.

Le terrain néocomien forme dans cette montagne une dépression profonde, parallèle à la chaîne et encaissée entre les calcaires jurassiques d'une part, et les calcaires néocomiens supérieurs de l'autre. Ceux-ci sont surmontés eux-mêmes par les couches de l'urgo-aptien, qui forment tout le versant ouest de la montagne et descendent jusqu'à l'oued El-Ma, où nous y avons recueilli des Caprotines et des Nérinées. L'étage débute au-dessus des calcaires lithographiques, où M. Coquand a recueilli le *Terebratula Dyphia*, par des grès assez puissants, lesquels alternent avec des marnes bleues et grises qui finissent par dominer, et renferment les *Belemnites latus*, *bipartitus*, etc., et quelques Ammonites. Au-dessus de ces marnes fossilifères viennent quelques assises de grès sans fossiles, puis de grandes masses d'un calcaire jaunâtre dolomitique et bréchiforme, qui barrent la montagne et forment de grandes murailles verticales difficiles à atteindre.

Cette situation et ces caractères du terrain néocomien se retrouvent, comme nous venons de le dire, à très-peu près exactement dans le groupe de montagnes qui s'étend au nord du bassin du Hodna, dans la subdivision de Sétif, et dans lesquels nous avons précédemment étudié le terrain tithonique. C'est là que M. Brossard l'a signalé ; c'est là que nous avons pu nous-même l'étudier à loisir, et nous pouvons par conséquent entrer à ce sujet dans quelques détails.

TERRAIN NÉOCOMIEN DU DJEBEL BOU-THALEB.

En traitant, dans la livraison précédente, du terrain tithonique, nous avons présenté déjà des renseignements suffisamment étendus sur les montagnes du nord du Hodna. Presque toutes les indications géographiques que nous avons données pour l'étage tithonique peuvent servir pour le terrain néocomien, car partout en effet où se montre le premier, il est régulièrement surmonté par les assises néocomiennes. C'est donc, comme on l'a vu, sur les versants sud du djebel Bou-Iche et du Bou-Thaleb, et autour du pic de Saure-Afghau, que l'on peut le rencontrer. On trouve en outre cependant le terrain néocomien isolé sur le versant E. de cette dernière montagne où les calcaires tithoniques n'affleurent pas, et également à l'ouest du Bou-Iche où il forme une longue bande très-étroite parallèle à la rivière, et séparée du massif du Bou-Iche par une faille profonde.

Pour avoir la succession complète et une coupe bien nette des assises néocomiennes, il faut les étudier au sud du petit village arabe d'*Anouel*, près de la dépression appelée *Teniet-Courass*, où passe le sentier qui conduit d'Anouel à la vallée de l'oued Soubella.

Dans cette partie, les marnes à Bélemnites et les couches fossilifères qui les surmontent forment une longue bande que nous n'avons pu explorer qu'en quelques points, et qui donnera sans doute par la suite bien d'autres matériaux. Les couches sont surtout à nu, et bien visibles sur les deux rives du Foum-Anouel, là où le ruisseau, resserré dans son lit par la barre que forment les calcaires supérieurs, a fortement entamé les roches et creusé un ravin profond. Les versants nord du Serra-Mta-Grouze des deux côtés de ce ravin sont très-riches en fossiles.

Sur ce point, comme nous l'avons dit, les marnes à Bélemnites sont superposées au terrain tithonique, mais le contact n'est pas immédiat. Nous savons en effet que dans cette région le terrain tithonique est, comme à Grenoble, terminé ou surmonté par une série assez épaisse de calcaires marneux gris cendré, à ciment, dans lesquels nous n'avons recueilli que des empreintes d'Ammonites indéterminables. Ces calcaires, sur l'âge précis desquels nous n'avons en conséquence que des présomptions, sont très-vraisemblablement les équivalents des calcaires à ciment de Grenoble et de Chambéry, qui se trouvent exactement dans la

(1) *Mém. Soc. d'émulation de la Provence*, t. II, p. 29.

même position. Dans ce cas très-probable, les calcaires en question représenteraient l'horizon de Berrias, et devraient par conséquent être compris dans l'étage néocomien. A défaut toutefois de renseignements plus précis, nous ne faisons commencer cet étage qu'aux marnes à Bélemnites.

Il nous semble d'ailleurs que, même en admettant que le synchronisme de ces couches inférieures avec le calcaire de Berrias fût bien démontré, il vaudrait mieux encore les rattacher à l'étage tithonique, avec lequel elles sont liées si intimement, que le point de transition entre les deux groupes est impossible à indiquer.

Notre terrain tithonique a, comme nous l'avons vu, de grandes affinités avec l'horizon de Berrias, et plusieurs espèces de cette localité ont été positivement retrouvées par nous à l'oued Soubella. Il en résulte donc que la ligne de séparation des deux étages est certainement mieux placée au commencement des marnes et grès néocomiens, dont l'apparition indique au moins un ordre de choses nouveau, un changement important dans les conditions de sédimentation, et explique ainsi la modification considérable qui survient dans le facies paléontologique.

Les marnes néocomiennes de Teniet-Courass sont très-puissantes. Avec les bancs de grès qui y sont intercalés, elles atteignent une centaine de mètres; c'est au delà seulement qu'apparaissent les calcaires gréseux fossilifères qui représentent le néocomien à facies jurassien.

Nous donnons ci-après (fig. 2) la coupe que nous avons pu relever de cette intéressante localité. Le soin que nous y avons mis nous fait espérer qu'aucune particularité importante n'est restée inaperçue.

En A et en B, nous indiquons d'abord les couches à *Terebratula janitor* et les calcaires à ciment bases du système. Puis en c commencent des marnes d'abord un peu calcaires et grises, puis jaunâtres et très-fissiles, dont la transition avec les calcaires sous-jacents est assez bien ménagée, et ne porte aucune trace d'interruption, ni même de brusque changement. Elles renferment abondamment par places les *Belemnites latus, bipartitus* et *subfusiformis*, et des fragments rares et déformés de petites Ammonites ferrugineuses.

Un gros banc de grès D recouvre ces premières marnes, et est lui-même recouvert par d'autres assises puissantes de marnes argileuses, grises et verdâtres, avec des grès en plaquettes subordonnés et quelques Bélemnites en mauvais état, puis au-dessus par des marnes rougeâtres, lie de vin et violacées, avec grès rougeâtres.

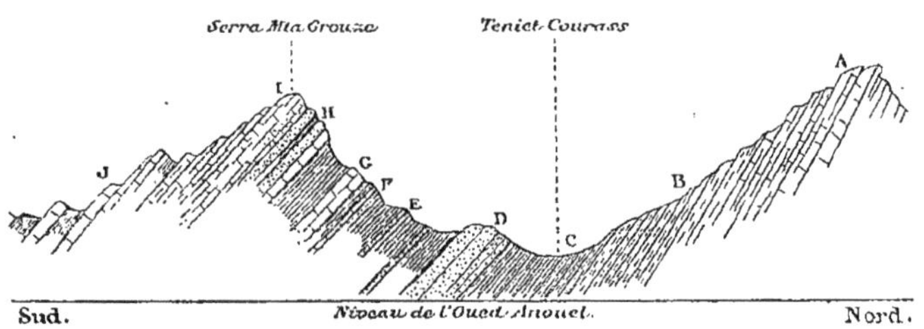

FIG. 2. — Profil de l'étage néocomien au sud d'Anouel.

A. Calcaires cendrés à *Terebratula janitor*.
B. Calcaires marneux à ciment.
C. Marnes grises et jaunes à *Belemnites latus*.
D. Grès blancs et jaunes s. f.
E. Marnes multicolores avec bancs de grès et quelques Bélemnites.
F. Couche à Polypiers.
G. Calcaires gréseux jaunâtres, à *Ostrea Couloni*, *O. rectangularis*, *Pterocera pelagi*, *Echinospatangus subcavatus*, etc., etc.
H. Couche à Radioles du *Pseudocidaris clunifera*.
I. Dolomies, calcaires et grès.
J. Marnes multicolores, grès et calcaires noirâtres formant la partie supérieure du néocomien, s. f.

Ces argiles multicolores ne m'ont pas donné de fossiles ; c'est seulement à leur partie supérieure que l'on en retrouve. Là, la faune débute par un lit exclusivement composé de Polypiers, et d'une grande richesse en beaux échantillons. Ce lit, qui n'a qu'une très-mince épaisseur, est cependant visible en place sur plusieurs points. Il nous a fourni au moins une quarantaine d'espèces d'une belle conservation, parmi lesquelles nous avons pu en reconnaître plusieurs parfaitement identiques avec celles des gisements néocomiens de Fontenoy, de Leugny et de Saint-Sauveur dans l'Yonne. Ce sont principalement :

Eugyra neocomiensis, Fromentel.
Cyatophora neocomiensis, id.
Astrocœnia regularis, id.

Phyllocœnia neocomiensis, Fromentel.
Dimorphocœnia crassisepta, id.
Etc., etc.

A la même hauteur que les Polypiers, mais non en place, nous avons recueilli encore d'assez nombreux fossiles; mais ce versant étant recouvert de débris des couches supérieures, nous ne sommes pas sûr que ces fossiles fussent là à leur propre niveau. Au-dessus du banc à Polypiers on observe des marnes grises sans fossiles (?); puis une petite série G de calcaires un peu gréseux et rognoneux jaunâtres très-fossilifères.

Les *Ostrea rectangularis* et *O. Couloni* y forment des amas. Une Térébratule fortement plissée, identique avec une variété de *Terebratula sella*, qu'on rencontre à la Clape, y est également fort abondante.

Un Ptérocère, que nous rapportons, ainsi que MM. Coquand et Brossard, au *Pterocera pelagi*, d'Orb., tout en remarquant cependant que ce moule est à peu près aussi voisin du *P. Desori* de l'étage valenginien de Sainte-Croix, domine sur quelques points, et nous en avons pu recueillir de nombreux individus.

Entre autres fossiles connus encore, nous avons rencontré les suivants : *Janira atava*, *Crassatella Robinaldina*, *Terebratula prælonga* (*T. acuta*, Quenstedt), etc.; puis un grand nombre de fossiles nouveaux ou incertains, Nérinées, Natices (plusieurs espèces), Ammonites (fragments voisins d'*A. Astierianus*), *Opis*, *Cardium*, Isocardes, Crassatelles, Pholadomyes, Trigonies, Plicatules, etc.

Les Oursins qui proviennent de cette zone sont les suivants :

Holectypus macropygus, Desor.
Pyrina incisa? Agass.
Cidaris muricata, Rœmer.
Acrosalenia Patella (Ag.), Desor.
Pseudocidaris clunifera, de Lor. (Ag.).
Orthopsis Repellini, Cot.

Puis quelques autres espèces nouvelles que nous décrirons plus loin sous les noms suivants :

Echinospatangus subcavatus,

Echinoconus Soubellensis,
Pseudodiadema Anouelense,
Codiopsis Meslei,
Pygurus,
Rhabdocidaris.

A ces calcaires fossilifères succèdent quelques assises gréseuses assez puissantes, qui forment parfois l'arête culminante du Serra-Mta-Grouze; puis, immédiatement au-dessus, une assise marno-calcaire blanchâtre est littéralement lardée de radioles du *Pseudocidaris clunifera.* Ce fossile, que nous avons trouvé seul dans cette assise, s'y trouve en quantité considérable et l'on peut l'y recueillir en très-bon état. Il paraît être en même temps le dernier de cette série ; car dans la grande masse de dolomies grenues et de grès rougeâtres qui succèdent à cette assise, et forment la charpente et le point saillant de cette montagne, nous n'avons plus recueilli aucune espèce.

Cette partie des couches néocomiennes dont nous venons de nous occuper semble ne former que la partie inférieure de l'étage.

Au-dessus d'elles, en effet, se succèdent encore, au sud du Serra-Mta-Grouze, en plongeant toujours vers le Hodna, une série puissante de grès blanchâtres ou jaunes, à grains fins, en bancs très-inégaux, alternant avec des argiles schisteuses, souvent verdâtres et donnant lieu à des efflorescences ; puis plus haut, d'argiles semblables et de calcaires variables, quelquefois grenus et comme oolithiques, presque tous de couleur foncée et souvent magnésiens.

C'est seulement au-dessus de cette série, qui sur ce point atteint au minimum 150 mètres d'épaisseur, que viennent affleurer enfin les couches à Orbitolines, à *Heteraster oblongus* et à Caprotines, lesquels représentent bien nettement l'étage aptien inférieur ou rhodanien des géologues suisses. Cette série de couches ainsi intercalées entre l'étage rhodanien et le néocomien à Spatangues, et qui, dans la région du Bou-Thaleb, n'a encore présenté, en fait de fossiles, que des débris d'Huîtres indéterminables, paraît être précisément celle qui affleure si fréquemment dans l'extrême sud de la province et dont nous allons avoir à nous occuper. C'est de cet ensemble que M. Brossard a fait ses étages barrémien et urgonien ; mais ces divisions et ces rapprochements, comme nous le montrerons, ne nous paraissent pas suffisamment justifiés pour que nous les adoptions. Nous nous contenterons donc de désigner ces couches sous la dénomination de néocomien supérieur, pour les distinguer des précédentes, qui constituent pour nous un néocomien inférieur. En cela, évidemment, nous restreignons l'application du nom étage néocomien au néocomien proprement dit de d'Orbigny, ou au sous-étage néocomien inférieur de M. Hébert, et par conséquent notre désignation de néocomien supérieur n'implique aucunement un parallélisme avec le sous-étage supérieur de ces auteurs, qui est pour l'un l'urgonien, pour l'autre l'aptien.

TERRAIN NÉOCOMIEN DU SUD DE LA PROVINCE DE CONSTANTINE.

Les couches néocomiennes inférieures dont nous venons de nous occuper, c'est-à-dire les marnes à Bélemnites et les calcaires à Spatangues qui les surmontent, n'ont encore été, à notre connaissance, observées que dans le Tell algérien proprement dit, et en particulier dans la chaîne de montagnes qui, depuis Batna jusqu'à l'oued Ksab, s'étend au nord du bassin des Chotts et forme un des axes de soulèvement de la contrée. En dehors de cette région, nous ne voyons plus rien, dans l'état actuel de nos connaissances, que l'on puisse en toute sécurité rapprocher de ces horizons. Le néocomien supérieur paraît seul se montrer dans le sud, et les couches les plus basses de l'étage semblent être ces grands bancs de dolomies sombres qui jouent un rôle si considérable dans le système orographique de la région des hauts plateaux dans le sud des cercles de Bou-Saada, de Djelfa et de Laghouat.

Dans toutes les montagnes du nord du Hodna, dont nous avons parlé, mais principalement dans les tribus des Ayades et des Rhigha-Dahra, le néocomien supérieur est largement représenté.

Dans le djebel Mahdid déjà, où les couches jurassiques ne se montrent plus, c'est lui qui occupe la partie centrale de la montagne. Partout ailleurs ses couches, fort résistantes, donnent naissance à de grandes crêtes secondaires, parallèles à l'axe central et séparées de lui par une dépression profonde qui correspond aux marnes inférieures. C'est ainsi qu'il en est au nord de l'Afghan, vers la maison forestière; puis sur tout le versant sud du Bou-Thaleb ! et aussi dans le djebel Chellatah, à l'ouest de Batna.

La liaison entre ces dernières localités et les gisements de l'extrême sud est assez bien établie par une série d'affleurements et d'îlots qui jalonnent cette direction et permettent de suivre et de reconnaître la formation. Les gisements principaux qui servent de traits d'union sont le djebel Guendil, et, plus à l'ouest, le djebel Mahdid; puis, dans le Hodna, les environs du caravansérail d'Aïn-Kerman, et, s'avançant vers le sud, l'oasis de Bou-Saada, Aïn-Melah et le djebel Zerga, base du Bou-Khaïl. Ces derniers affleurements sont eux-mêmes reliés intimement à ceux des environs de Laghouat, dont le djebel Zaccar, le Merguet et surtout le Lazereg peuvent être considérés comme les types les meilleurs et les plus importants.

Au nord du Hodna, ainsi que nous l'avons dit, les couches du néocomien supérieur, très-pauvres en fossiles, ne nous ont offert que quelques débris d'Huîtres. Il n'en est pas de même dans la région du sud, où nous avons pu remarquer en certains endroits plusieurs niveaux fossilifères importants; mais malheureusement la plupart des fossiles, nouveaux ou d'une détermination incertaine, sont peu probants en ce qui concerne l'âge des couches. Remarquons, en outre, que dans aucun affleurement nous n'avons pu observer la superposition de ce néocomien supérieur aux couches inférieures dont nous avons parlé plus haut. Il en résulte que c'est seulement par suite de la grande analogie des caractères pétrographiques et des relations stratigraphiques avec les couches rhodaniennes que nous considérons les couches néocomiennes de Bou-Saada et de Laghouat comme représentant seulement la partie supérieure du Serra-Mta-Grouze.

Dans ces conditions, quelles que soient d'ailleurs nos convictions au sujet de cette classification, comme les preuves que nous en pouvons donner ne sont pas absolument péremptoires, il importe d'y apporter quelques réserves et de prémunir les lecteurs contre les causes d'erreurs que pourrait entraîner une assertion trop affirmative. Quelques explorateurs, et en particulier M. Le Mesle, pensent que les couches du Lazereg, du Zaccar et des environs du bordj d'Aflou peuvent bien représenter l'étage néocomien tout entier. C'est là une opinion importante à mentionner et qu'il y a lieu de prendre en sérieuse considération.

La moitié environ des Oursins que nous avons à décrire proviennent des terrains néocomiens du sud. Il est donc nécessaire, pour préciser leur situation, d'entrer dans des détails suffisants sur leurs divers gisements. Ces détails, d'ailleurs, seront d'autant mieux à leur place, que la plupart d'entre eux sont complétement inconnus, et que la science ne possède sur cet ensemble de couches que les renseignements qu'en a donnés M. Brossard, et quelques indications que M. Paul Marès (1) a présentées à l'Académie des sciences.

Les affleurements connus actuellement de ce terrain rapporté par nous au néocomien supérieur sont nombreux, mais isolés tous en forme d'îlots. La série puissante des couches s'y montre rarement tout entière.

Tantôt c'est une portion des couches qui affleure en perçant la croûte épaisse de terrain saharien étendue sur ces hauts plateaux; tantôt c'en est une autre. Tous ces gisements ne sont donc pas exactement parallèles. Il en est même dont l'âge néocomien n'est pas bien prouvé et nous paraît même fort douteux. Nous ferons connaître, en les mentionnant, les motifs de nos réserves.

Parmi les localités où nous avons pu étudier nous-même le terrain néocomien des hauts plateaux, celle de Bou-Saada, où nous avons séjourné longtemps et à plusieurs reprises, nous est bien complétement connue. Nous allons donc, quoique ce gise-

(1) Marès, *Constitution géol. du sud de la prov. d'Alger* (*Compt. rend. de l'Acad. des sciences*, 1865, t. LX, n° 20, p. 1039).

ment ne nous ait fourni aucun Oursin déterminable, entrer dans quelques détails sur la succession d'assises qu'on y peut observer.

Tout d'abord il convient de faire remarquer que, dans le relevé succinct que nous allons donner, nous ne pouvons comprendre toutes les assises réellement observées. Nos notes, prises en vue d'un travail détaillé sur les environs de Bou-Saada, renferment une longue et monotone succession de couches alternantes, dont la complète énumération ne présente pas d'intérêt au point de vue spécial où nous nous sommes placé. Nous nous contenterons d'indiquer les niveaux et les assises les plus remarquables, en ajoutant que le caractère saillant de cette série de couches est la diversité excessive du caractère pétrologique, qui varie constamment d'une couche à l'autre, présentant dans une épaisseur de 100 mètres une succession continuelle de roches marneuses, gréseuses, argileuses, calcaires et dolomitiques, sous des formes et avec des couleurs très-variées.

Pour avoir une idée complète de cette succession, il est nécessaire de recouper la série sur de nombreux points de l'affleurement. Ces couches étant à Bou-Saada presque verticales et accolées au flanc d'une montagne, sont souvent masquées par les éboulis. C'est seulement après de nombreuses explorations dans les différents petits ravins qui découpent le massif, et en raccordant les séries partielles ainsi relevées que l'on peut arriver à reconstituer la série entière.

Les couches les plus inférieures qui soient visibles à Bou-Saada sont celles qui constituent la montagne connue sous le nom de *djebel Kerdada*. C'est une masse puissante de dolomies dont les assises, cintrées vers l'axe de la montagne, s'infléchissent presque verticalement de chaque côté du bombement. Ces dolomies, d'une teinte généralement foncée, prennent dans les parties exposées à l'air une couleur de rouille noirâtre, qui donne à toute cette montagne dépourvue de végétation un aspect sombre et désolé. Les divers bancs dolomitiques varient un peu de la partie inférieure à ceux de la surface. La roche, parfois grise, à grain fin, à cassure esquilleuse, est d'autres fois cristalline, puis rougeâtre ou rose et subsaccharoïde, le plus souvent enfin elle est noirâtre.

Certains bancs sont de véritables brèches; d'autres veines de chaux carbonatée cristallisée donneraient un véritable marbre. Les parties inférieures de cette masse m'ont paru être complétement dépourvues de fossiles. Dans les bancs supérieurs, grâce à des recherches très-persévérantes j'ai pu en recueillir un certain nombre. Ce sont quatre ou cinq espèces de Nérinées qu'il a malheureusement été impossible de déterminer spécifiquement. Une d'elles, assez abondante, rappelle le type du *Nerinea sexcostata*. Elle paraît se retrouver encore dans d'autres bancs plus élevés.

Ma première impression a été de considérer ces couches dolomitiques du djebel Kerdada comme jurassiques. Dans les notes prises à mon premier séjour dans ce pays, c'est vers cet ordre d'idées que j'inclinais; je les regardais alors comme l'équivalent des dolomies supérieures de l'étage séquanien de Chellalah et autres localités. Depuis, sans être cependant parfaitement convaincu, je suis revenu sur ma première opinion, et à la suite de comparaisons répétées avec les couches néocomiennes et jurassiques de ces contrées, je me range assez volontiers, en partie, à la manière de voir de M. Brossard, qui considère ces dolomies comme représentant exactement celles de la partie supérieure du néocomien du Bou-Thaleb, et les classe dans son étage barrémien (1).

Les couches néocomiennes dont nous avons à parler maintenant s'appuient directement et en stratification concordante sur les dolomies que nous venons de décrire. Il en résulte que, si nous considérons ces dernières comme équivalentes à celles qui de l'autre côté du Hodna sont superposées aux marnes à Bélemnites et au calcaire à Spatangues, nous classerons tout naturellement les couches qui leur sont supérieures sur l'horizon du

(1) Dans une lettre écrite récemment au retour d'une exploration dans le cercle de Bou-Saada, M. Tissot, ingénieur des mines à Constantine, me fait connaître que, contrairement à l'opinion de M. Brossard, il pense que le Kerdada, le Maharga et autres montagnes semblables sont jurassiques. Il n'a toutefois aucune preuve positive à l'appui de cette opinion.

néocomien supérieur du Bou-Thaleb. Si, au contraire, les dolomies sont jurassiques, ces couches pourraient représenter l'étage néocomien tout entier, à moins encore que l'on admette une lacune, une solution de continuité que l'existence de brèches et d'éléments remaniés dans les premières couches néocomiennes pourrait justifier dans une certaine mesure.

Les assises immédiatement superposées aux grands bancs dolomitiques supérieurs à Nérinées sont visibles, surtout dans la partie sud du versant ouest du Kerdada.

Elles commencent par des alternances de bancs dolomitiques avec des assises calcaréo-marneuses, rognoneuses, blanchâtres, dans lesquelles des fragments plus durs et d'une teinte plus foncée sont empâtés et comme remaniés.

Au-dessus vient une petite série de couches marneuses et marno-sableuses, dont quelques-unes, dolomitiques par places, sont pétries de petits fragments émoussés d'un calcaire plus noir que la roche enveloppante. Dans cette série se trouve abondamment une Térébratule qui se rencontre plus haut encore, et qui paraît bien identique au *Terebratula prælonga*, d'Orb. (*T. acuta*, Quenstedt), du terrain néocomien du bassin parisien et du terrain rhodanien de l'Isère et des Pyrénées. On y trouve encore, avec de nombreux débris, une Huître foliacée, irrégulière, qui a été recueillie dans plusieurs gisements des hauts plateaux, et dont M. Coquand a fait l'*Ostrea Maresi*.

Un autre niveau important, un peu au-dessus du précédent, est formé par un calcaire assez dur d'une puissance de 4 à 5 mètres, composé de petits fragments semblables à des oolithes. La base est une vraie lumachelle pétrie de débris d'Huîtres et de Térébratules. A sa partie supérieure, j'ai observé des dents de Poisson, des Astartes et de nombreux débris d'Oursins qui, d'après la forme des pores, ont dû appartenir à des *Pygurus* et sans doute aussi à des *Echinospatangus*.

Cette couche, qui est très-reconnaissable en raison de sa structure suboolithique, forme un excellent point de repère. Nous l'avons observée en plusieurs localités, notamment au djebel Seba, où elle nous a fourni quelques Oursins.

Au-dessus de ce niveau, j'ai relevé une série de plus de 25 mètres de grès blancs et rougeâtres et de marnes irisées sans fossiles. Les dernières assises seulement, qui deviennent magnésiennes, renferment, de même que les dolomies inférieures, de longues Nérinées noyées dans la pâte et de nombreux petits Spongiaires. A ces couches succèdent des calcaires sableux, des marnes et lumachelles avec de nombreux débris d'Huîtres, dont une très-grande, quelques traces de Bélemnites, des moules de Trigonies et d'Avicules, et le *Terebratula prælonga*. C'est de ce niveau que vient très-probablement l'*Ostrea mauritanica* décrit par M. Coquand, et un autre qu'il a rapporté avec doute à l'*O. Leymeriei*.

Après de nouveaux grès et de nouvelles dolomies, les couches passent à des calcaires gréseux, puis à des calcaires marneux gris bleuâtre, à pâte grossière, riches en fossiles. Nous avons pu réunir là une série assez nombreuse d'espèces et des échantillons bien conservés. Ce sont d'abord des moules de Gastéropodes, principalement de Natices et de grosses Nérinées. Parmi les premières, il en est une voisine du *Natica prælonga*, d'Orb., une autre du *N. lævigata*; une troisième innommée mais que nous avons déjà rencontrée dans le terrain néocomien d'Anouel, et enfin une quatrième espèce qui me paraît absolument identique au *Natica Pidanceti*, Pictet, de l'étage valengien de Montepile et du calcaire roux de Sainte-Croix. La forme de cette coquille est si remarquable et si caractéristique, que je n'hésiterais pas dans sa détermination, si je n'étais convaincu que des assimilations ainsi faites sur de simples moules comportent toujours des chances d'erreur, surtout quand il s'agit de gisements aussi éloignés et sans relations bien établies.

Dans les Nérinées, j'ai reconnu seulement quelques espèces spéciales à l'Algérie, et notamment le *Nerinea Pauli*, Coquand, que j'ai rencontré ailleurs en contact avec les Caprotines de l'urgo-aptien.

M. Brossard (1) mentionne encore le *Nerinea gigantea*

(1) *Loc. cit.*, p. 209.

d'Hombres-Firmas, qui doit provenir de cet horizon, mais que je n'ai pu reconnaître, et M. Coquand le *Nerinea Villiersi*.

Parmi les coquilles bivalves, je citerai comme les plus abondantes et les plus caractéristiques : 1° une Avicule lamelleuse, à longue charnière, qui se trouve dans plusieurs bancs, et que l'on peut recueillir avec son test en bon état ; 2° une Trigonie à stries subonduleuses, à peu près identique au *Trigonia longa*, Agassiz ; 3° une autre grosse et belle Trigonie, abondante, qui a été rapportée par MM. Coquand et Brossard au *Trigonia Hondaana*, Lea, du terrain aptien d'Espagne. Cette espèce, en effet, en est très-voisine par sa taille et ses ornements ; mais j'ai pu me convaincre, par une comparaison approfondie de mes nombreux échantillons avec d'excellents types de *Trigonia Hondaana* que je dois à la libéralité de M. Coquand, que l'espèce d'Algérie présente avec celle-ci des différences constantes et assez importantes, notamment dans le côté anal, qui est beaucoup moins large et plus acuminé.

Avec ces fossiles principaux on en trouve quelques autres qui me paraissent nouveaux : une Vénus à stries d'accroissement prononcées, une Circé, des Modioles, etc.

Au-dessus de ces assises fossilifères, qui sont à peu près les seules fournissant des fossiles bien déterminables, nous n'avons plus à signaler que quelques couches assez remarquables qui semblent se retrouver d'une façon bien constante dans toutes ces régions jusqu'au delà de Laghouat.

Ce sont d'abord, un peu au-dessus des calcaires à Trigonies, quelques bancs de calcaires en plaquettes, gréseux, jaunâtres, littéralement pétris de petits Gastéropodes, et surtout de petites Turritelles.

M. Le Mesle nous a envoyé, provenant du djebel Amour, des plaquettes semblables qui ne diffèrent que par le plus de dureté de la roche et par une meilleure conservation des fossiles.

A peu de distance de ce niveau, on remarque encore des bancs de calcaire marneux noirâtre, présentant parfois des efflorescences pyriteuses blanches et des indices de lignite. Ces couches à Bou-Saada forment une dépression dans laquelle coule la petite rivière qui donne la vie à l'oasis. Ce niveau lignitifère, qui, je crois, a donné lieu à quelques recherches infructueuses, paraît également très-constant dans le sud des trois provinces. Il existe à l'extrême sud dans le djebel Zerga, puis à l'ouest de Laghouat, vers Aïn-Madhi et jusque dans le djebel Amour. C'est encore un point de repère, un indice important qui, réuni aux autres, forme un ensemble de caractères permettant de reconnaître facilement le terrain qui nous occupe.

Les calcaires bleuâtres sont à Bou-Saada recouverts par une série puissante de marnes lie de vin et verdâtres, gypsifères, alternant avec des grès durs et des psammites multicolores, dont la désagrégation contribue, avec celle des grès aptiens que nous verrons plus haut, à former ces sables mouvants qui s'étendent sur toute la plaine, au nord de l'oasis (1). Ces grès sont eux-mêmes surmontés auprès du bordj par les assises très-fossilifères de l'étage rhodanien, dont nous aurons à nous occuper dans un autre fascicule.

Il serait difficile, au milieu de cette série, d'indiquer le point où finit le néocomien et où l'aptien commence.

Nous pensons, ainsi que MM. Brossard et le Mesle, qu'il convient de faire commencer ce dernier aux marnes et grès multicolores.

Nous résumons maintenant dans le diagramme ci-après (fig. 3, p. 50), qui montrera la disposition des couches, la succession que nous venons de parcourir.

Le gisement de Bou-Saada peut, ainsi que nous l'avons dit, servir de type pour le développement des assises du terrain néocomien du sud. Peut-être dans d'autres localités, comme au djebel Zerga ou au Lazereg, est-il plus développé encore et plus riche en fossiles? Mais nous possédons moins de renseignements sur ces gisements, et d'ailleurs les traits principaux de la série paraissent être sensiblement les mêmes. Nous ne donnerons donc plus que quelques détails qui nous paraissent nécessaires sur

(1) Ce phénomène se reproduit fréquemment dans les hauts plateaux, et les bancs de sable que l'on voit au sud des lacs Zahrez, au nord de M'kraoula, à l'ouest de Tadmit, vers Sidi-Bouzid, etc., etc., n'ont pas d'autre origine.

ceux de ces gisements d'où proviennent les Oursins que nous avons à décrire.

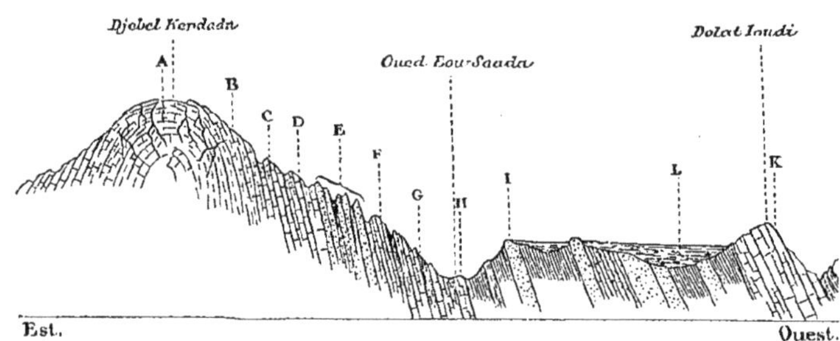

FIG. 3. — Coupe du djebel Kerdada au Dolat Ioudi, prise un peu au sud de l'oasis.

A. Dolomies en bancs épais.
B. Dolomies grises à Nérinées.
C. Couches à *Terebratula prælonga*, *Ostrea Marcsi*, etc.
D. Bancs suboolithiques à *Pygurus*.
E. Série de grès et marnes multicolores.
F. Calcaires bleuâtres à Natices, Trigonies, Avicules, Nérinées, etc.
G. Calcaires gréseux en plaquettes, à petits Gastéropodes.
H. Calcaire bleu lignitifère.
I. Alternances de grès en grands bancs, de psammites et marnes irisées gypsifères.
K. Calcaires et marnes à Orbitolines et *Heteraster oblongus* de l'étage rhodanien.
L. Terrain saharien détritique, sables et argiles gypseuses.

Trois de nos espèces, le *Pygurus impar*, le *Pygurus eurypneustes*, l'*Echinobrissus sebaensis*, ont été recueillies par nous dans les couches néocomiennes du versant sud du djebel Seba-Liamoun, chez les Ouled-Aïssa. Dans cette localité, dont nous avons ailleurs donné le diagramme (1), le terrain néocomien forme une longue colline qui s'étend d'Aïn-Melah vers le pic du Seba, où il s'appuie en discordance sur les couches très-redressées de l'étage séquanien. Cette disposition ne permet pas de tirer aucune conclusion du voisinage des couches jurassiques pour en déduire la place précise que les couches superposées occupent dans la série néocomienne. La transgression y est évidente, et d'ailleurs une faille profonde, qui a mis sur tous les autres points le néocomien en contact par sa base avec le cénomanien, a évidemment tronqué les couches inférieures (2).

(1) *Sur les terrains jurassiques supérieurs en Algérie* (*Bull. Soc. géol. de France* t. XXV, p. 524).

(2) En ce qui concerne cette région, la carte géologique de M Brossard est à reviser. Ce géologue, empêché d'y séjourner, n'y a pu reconnaître, ni le jurassique ni le cénomanien, et la dislocation de cette montagne lui a échappé.

La série des assises néocomiennes du djebel Seba n'est pas facile à relever en entier; sauf la partie inférieure, presque toutes les couches sont en partie masquées par le terrain saharien ou par des touffes épaisses d'Alfa. Il n'y a guère que les bancs les plus résistants qui font saillie. Nous avons pu y discerner seulement : 1° au contact des assises jurassiques, des calcaires gris bleuâtre un peu marneux, avec moules de bivalves indéterminés (*Cardium*, *Venus*, etc.), et quelques Gastéropodes, parmi lesquels un Ptérocère que nous rapportons, comme celui d'Anouël, au *Pterocera pelagi*. Ces couches ne paraissent pas être les plus inférieures de la série, car à quelques kilomètres plus à l'est j'ai observé à la base de la colline néocomienne des dolomies à Nérinées, semblables à celles du Kerdada.

Au-dessus s'étage un ensemble assez puissant de calcaires très-durs, gris de fer, et de lumachelles ostréennes, où l'on aperçoit une Huître plissée indéterminée, puis des alternances marneuses et gréseuses, et un peu plus haut un banc remarquable suboolithique, visible seulement par places et rempli de fossiles.

L'*Echinobrissus sebaensis* y est très-abondant; j'y ai rencontré en outre les deux *Pygurus*, puis quelques autres espèces, *Ostrea Maresi* (?); une Avicule et un *Mytilus* allongé, qui doit être celui qu'on a rapporté au *M. Cuvieri*, Math.

Cette couche est la dernière où j'ai recueilli des fossiles. Une longue succession de marnes, de grès, etc., s'étend encore dans la plaine vers le petit ruisseau, l'oued Liamoun, et va former la base du plateau aptien d'Aïn-Rich.

Un autre gisement très-intéressant se trouve un peu au sud d'Aïn-Rich, formant à une quarantaine de kilomètres le pendage des couches néocomiennes du Seba et d'Aïn-Melah : c'est le djebel Zerga, base du Bou-Khaïl et dernier rideau montagneux qui sépare les hauts plateaux des immenses plaines sahariennes de l'Oued-Djeddi. Quelques défilés étroits, comme le *Krenguet Ouzina*, le *Krenguet el Asfor*, donnent de cette montagne d'excellentes coupes. M. Brossard a relevé avec soin celle d'el Asfor et y a recueilli quelques fossiles, notamment un

Echinospatangus assez répandu dans d'autres gisements de la province d'Alger, et dont nous avons fait l'*Echinospatangus africanus.*

Sur ce point, la série des couches est aussi complète qu'à Bou-Saada. On y voit depuis les dolomies inférieures jusqu'à l'étage cénomanien supérieur, et le parallélisme complet entre les deux localités ne paraît pas douteux.

Les dolomies et les calcaires noirâtres de la base forment un premier rideau de montagnes, le djebel Tefegnan, le djebel Zerga, etc.; les grès supérieurs du néocomien en forment un second, et enfin au delà d'une dépression formée par les marnes aptiennes, s'élève une troisième arête, le Bou-Khaïl, formée par les assises marneuses, gypseuses et calcaires de l'étage cénomanien.

Dans la série néocomienne d'el Asfor, les grès et marnes colorées que nous avons signalés à Bou-Saada paraissent moins abondants, mais nous y remarquons néanmoins les assises les mieux caractérisées de cette localité, c'est-à-dire les calcaires magnésiens de la base, les lumachelles à *Ostrea Maresi*, les couches bleuâtres à efflorescences pyriteuses, et surtout ces bancs à texture suboolithique que M. Brossard mentionne comme remplis de petits débris arrondis qu'on pourrait prendre au premier abord pour des Orbitolines.

Dans le parcours que nous venons de faire des gisements néocomiens du sud de la province de Constantine, nous avons suivi seulement la direction du nord au sud pour établir la liaison avec ceux des environs de Laghouat et du djebel Amour dans la province d'Oran; mais dans le cercle de Bou-Saada même, il existe beaucoup d'autres affleurements que nous ne pouvons passer complétement sous silence. Sans entrer dans d'autres détails qui seraient ici superflus, nous mentionnerons seulement le gisement important qui se trouve auprès du bordj du caïd de l'Oued-Chair; puis, en remontant vers le Hodna, ceux des environs du caravansérail de Mcif, et surtout enfin celui du caravansérail d'Aïn-Kermam, sur le chemin d'Aumale à Bou-Saada, que M. Brossard a décrit dans son travail précité.

TERRAIN NÉOCOMIEN DU SUD DES PROVINCES D'ALGER ET D'ORAN.

Le trait d'union des gisements du cercle de Bou-Saada avec ceux du sud de la province d'Alger est établi, comme nous l'avons dit, d'une façon bien évidente. Le djebel Zaccar, en effet, qui se trouve dans cette province, au nord-est de Laghouat, est très-voisin du Bou-Khaïl, dont ses couches viennent former la base, et il est évident que les assises néocomiennes qui en forment le centre sont la continuation, par-dessous le Bou-Khaïl, de celles que nous avons vues à Kemera et el Asfor. Plusieurs espèces communes témoignent d'ailleurs de ce parallélisme.

Le djebel Zaccar, le djebel Zerga et le Seba sont le pendage les uns des autres, et forment les bords de cette grande cuvette que remplissent les assises aptiennes et cénomaniennes d'Aïn-Rich, de Medjebara, de Méliléah et du Bou-Khaïl.

Le djebel Zaccar lui-même est d'un autre côté intimement lié au djebel Merguet, au Tadmit et au Lazereg. Ce fait est facile à constater ; car dans ces vastes plaines peu accidentées, aux mouvements larges et simples, il est possible de suivre les directions et les grandes lignes que dessinent les terrains.

Les premiers gisements de la province d'Alger qui nous aient fourni des matériaux sont le djebel Zaccar et le djebel Merguet, aux environs des caravansérails d'Aïn-el-Ibel et de Sidi-Makhelouf, sur le chemin de Boghar à Laghouat.

Ces régions ont été, il y a longtemps déjà, étudiées par M. Marès (1), qui en a rapporté quelques fossiles, notamment le *Cidaris Maresi*, Cot., et un *Echinospatangus* qu'on a assimilé d'abord à l'*Echinospatangus granosus*, mais que M. Coquand, dans des notes inédites, a considéré comme nouveau et désigné sous le nom d'*Echinospatangus africanus*, nom sous lequel nous le décrirons plus loin.

Les couches renferment encore là des Huîtres assez abondantes, mais toutes spéciales à l'Algérie, et dont M. Coquand a fait les

(1) *Comptes rendus de l'Académie des sciences*, t. LX, 1865, n° 20, p. 1039.

Ostrea Maresi, *O. Eos*, *O. Tisiphone*, etc. ; puis le *Terebratula prælonga*, un Ptérocère, des Spongiaires, etc.

Le Zaccar et le Merguet sont formés tous deux par des bancs redressés presque jusqu'à la verticale et qui forment de hautes murailles absolument infranchissables. Deux ravins connus sous les noms de *kheneg de Zaccar* et de *kheneg de Merguet*, permettent seuls de pénétrer dans l'intérieur de ces massifs. Des grès d'une puissance de plusieurs centaines de mètres (1) forment la partie supérieure ou extérieure de la montagne, dont le centre est occupé par une série de calcaires bleu noirâtre fossilifères.

M. Le Mesle, qui récemment a exploré ces régions, nous a transmis, avec les fossiles qu'il a recueillis, des renseignements intéressants et des profils montrant exactement la disposition des couches dans ces diverses montagnes.

Ces résultats des recherches de cet infatigable explorateur étant complétement inédits et les contrées explorées à peu près inconnues, nous croyons utile de reproduire dans ce travail, en vue duquel ils ont été relevés, les diagrammes fournis par M. Le Mesle.

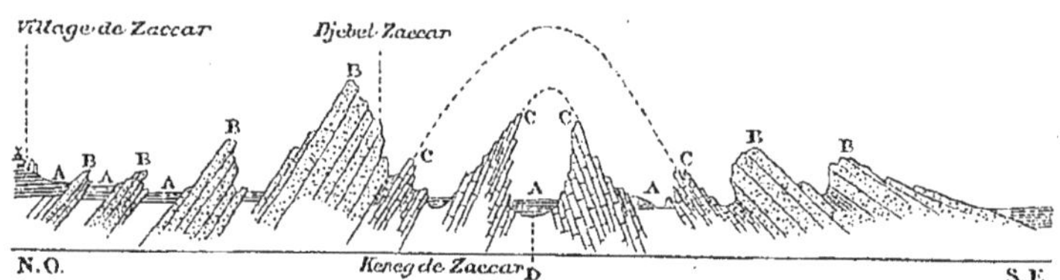

FIG. 4. — Coupe figurative du kheneg de Zaccar.

A. Terrain saharien. Marnes blanchâtres, poudingues en couches horizontales.
B. Énormes masses de grès, le plus souvent blanchâtre, parfois à éléments assez gros, poudingui-formes.
C. Calcaires bleu noirâtre, à surface teintée de rouille, plus ou moins rognoneux ou marneux, assises argileuses intercalées avec quelques bancs grésiformes, lumachelles d'une toute petite Huître à différentes hauteurs ; *Terebratula prælonga* partout. L'*Echinospatagus africanus* et le *Cidaris Maresi* se trouvent, ainsi que le *Pterocera pelagi*, dans les calcaires supérieurs.
D. Point de rupture masqué par les marnes du terrain saharien.

Le premier est une coupe figurative du djebel Zaccar, prise suivant le kheneg depuis le village de Zaccar jusqu'à hauteur du ksar de *Medjebara*. La montagne a sur ce point 3 kilomètres

(1) M. Marès attribue à ces grès 200 ou 300 mètres d'épaisseur. Selon M. Le Mesle, leur puissance atteindrait près de 1000 mètres.

environ de largeur. Les couches, brisées au milieu de la chaîne, y forment deux séries anticlinales, dont l'une est exactement le pendage de l'autre. Les bancs puissants de grès de la partie supérieure sont là exactement placés comme à Bou-Saada, entre les couches à *Terebratula prælonga* et *Ostrea Maresi*, et les assises rhodaniennes à Orbitolines. Ces grès, qui redeviennent peu à peu horizontaux vers Medjebara, s'étendent sur la vaste plaine des Ouled-Sidi-Aïssa, et vont former la base du djebel Bou-Khaïl qu'on aperçoit au loin.

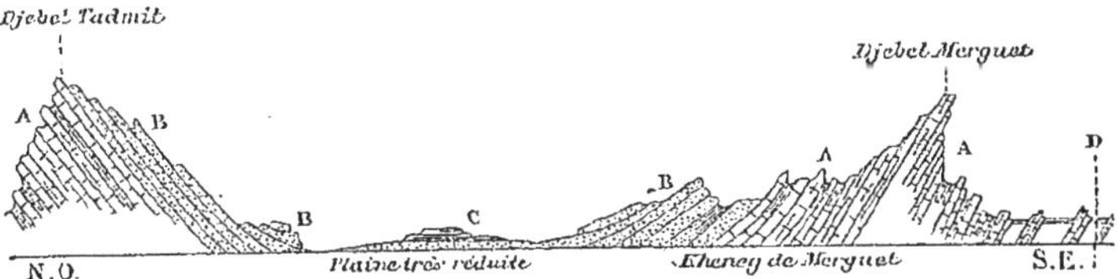

Fig. 5. — Coupe figurative de la chaîne de Tadmit à celle de Merguet, suivant une ligne passant à quelques kilomètres au nord de Sidi-Makhelouf.

A. Terrain néocomien. — Alternances de calcaires gris noirâtre, de marnes et de lumachelles d'une petite Huître exogyriforme. — *Echinospatangus africanus*, *Cidaris Maresi*, etc.
B. Grès blancs ou rougeâtres avec quelques petites alternances argileuses, relevées de chaque côté de la plaine.
C. Marnes bariolées de l'étage urgo-aptien.
D. Faille probable ramenant une récurrence du néocomien.

Le deuxième diagramme nous donne la coupe du kheneg de Merguet et de la chaîne du Tadmit, suivant une ligne passant à quelques kilomètres de Sidi-Makhelouf, dans la direction N. O.-S. E. Ces deux montagnes sont le pendage l'une de l'autre, et les couches relevées de chaque côté dessinent un vaste fond de bateau, au milieu duquel est la plaine de Sidi-Makhelouf, dont les dimensions sur ce diagramme ont dû être considérablement réduites.

Cette localité a fourni les mêmes fossiles que la précédente, en particulier l'*Echinospatangus africanus*, le *Cidaris Maresi*, etc., et de plus une autre espèce nouvelle, l'*Echinobrissus humilis*, qui vient de la partie sud du kheneg de Merguet.

M. Le Mesle y a recueilli encore un Ptérocère assez gros, que l'on a rapporté, comme les autres, au *Pterocera pelagi*, mais qui me paraît toutefois en différer assez sensiblement par la saillie extrêmement prononcée de sa carène médiane. Les plaquettes de petits Gastéropodes se trouvent également dans ce gisement.

Une autre localité intéressante par la disposition et le développement des couches, et par les fossiles remarquables qu'elle a fournis, est le *djebel Lazereg*, au nord-ouest de Laghouat. Cette montagne forme une longue chaîne qui s'étend du *djebel Tadmit* jusqu'à l'*oued Mzi*, ou rivière de Laghouat, suivant une direction N. N. E.-S. S. O. La crête et les parties centrales de cette montagne paraissent appartenir aux couches tout à fait inférieures du système, et ce fait explique la différence entre la faune de cette localité et celle des gisements voisins. Cette montagne est d'ailleurs un peu enfaillée, et il ne nous paraît pas sûr que la succession y soit bien normale. Nous donnons de cette montagne deux profils pris, l'un au lieu dit *Aïn-Rakoussa*, et l'autre au *Zmeïla ;* nous prolongeons cette dernière des deux côtés, de manière à y comprendre deux localités qui ont également fourni à M. Le Mesle et à M. le capitaine Durand, chef du bureau arabe de Laghouat, des Oursins intéressants. Ces localités sont *el Haouadjib*, à l'ouest, et le *djebel Debdebba*, à l'est, entre le *Lazereg* et le *Milok*.

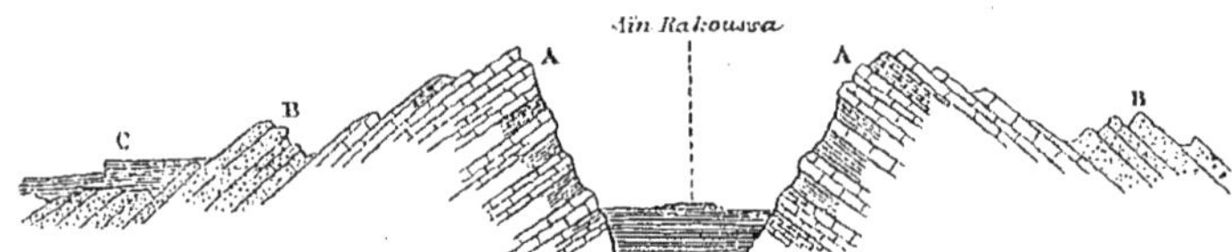

FIG. 6. — Coupe du djebel Lazereg prise à la fontaine de Rakoussa.

A. Néocomien à alternances de marnes et de calcaires à lumachelles.
B. Grès intercalés dans le terrain néocomien.
C. Terrain saharien.

Les fossiles recueillis par MM. Le Mesle et Durand au djebel Lazereg, et conséquemment dans les couches inférieures du système néocomien, sont les suivants : 1° le test en bon état du *Pseudocidaris clunifera*, dont nous avons déjà mentionné les radioles à Anoual, et qui se trouve ainsi se rapprocher sur ce point de la position où nous l'avons signalé ; 2° une espèce nouvelle d'*Hemicidaris*, qui devient l'*Hemicidaris Meslei*, Gauthier;

3° une Huître costulée inconnue; une grosse Rhynchonelle, voisine du *R. concinna* de la grande oolithe; une Térébratule, qui me paraît identique avec le *T. sella;* des *Mytilus*, *Lima*, etc.

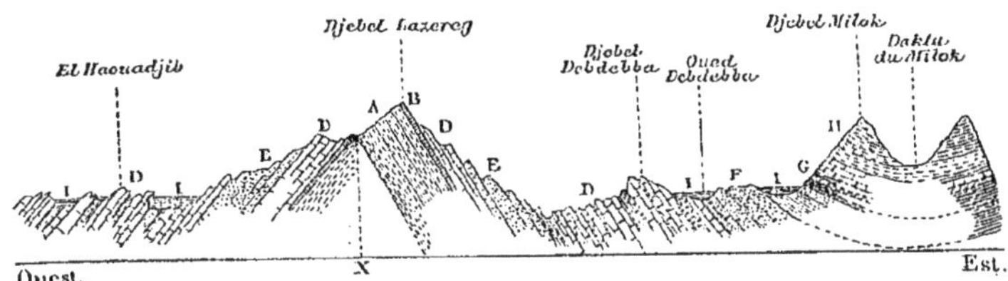

FIG. 7. — Coupe figurative du terrain entre le djebel M'daouer et le djebel Milok.

A. Dolomies inférieures avec quelques traces de fossiles.
B. Calcaires bleus à Nérinées (ét. néocom.).
D. Étage néocomien. — Alternances de calcaires de toutes natures, de toutes nuances, marnes, argiles, grès.
E. Grès puissants intercalés dans le néocomien et n'en dérangeant ni l'allure ni la faune.
F. Grès de l'étage rhodanien à galets de quartzite.
G. Succession de marnes, argiles, gypses, dolomies, etc. (étage non établi) (1).
H. Dolomies du crétacé supérieur (senonien probablement?).
I. Terrain saharien.

Le djebel Debdebba et la localité d'el Haouadjib appartiennent, comme il appert de la coupe qui nous a été envoyée, à des assises supérieures à celles du Lazereg. Leurs faunes, à peu près identiques, diffèrent complétement de celle de cette montagne, et rappellent très-bien au contraire celles des khenegs de Zaccar et de Merguet, qui paraissent représenter également le haut de la coupe du néocomien du sud. Les espèces que M. Le Mesle a recueillies au Debdebba sont : le *Cidaris Maresi*, déjà mentionné dans les localités précitées; l'*Echinobrissus Durandi*, Gauth., le *Bothriopygus Meslei*, le *Bothriopygus Trapeti*, espèces nouvelles et spéciales à ce gisement; puis avec ces Oursins, le *Terebratula prælonga*, *Ostrea Eos*, *Pterocera pelagi* (?), la lumachelle de petites Turritelles, etc.

Les environs d'el Haouadjib ont donné également tous ces derniers fossiles, et en outre un Oursin nouveau, curieux, propre jusqu'ici à cette localité, l'*Acrosalenia miranda*, Gauthier.

(1) En ce qui concerne ces deux dernières assises, je ne partage pas complétement l'opinion de M. Le Mesle, dont j'ai reproduit textuellement l'expression dans la légende. L'identité de la situation et de la composition de ces couches avec celles du Bou-Khaïl, du djebel Ousegna, etc., et la présence des bancs de gypse, me portent à les attribuer au cénomanien supérieur, et les dolomies sans doute au turonien.

Indépendamment de ces quelques localités importantes que nous venons de décrire, il existe encore dans l'ouest de Laghouat de nombreux affleurements des couches néocomiennes. Nous citerons notamment les environs d'*Aïn-Madhi*, la *Gada d'Enfous*, le *ksar d'el Ghika*, où le capitaine Durand a recueilli le *Terebratula prælonga*, et un *Echinobrissus* (?) semblable à ceux du Debdebba, et auprès duquel il signale des affleurements de lignites; puis au confluent de l'oued Mzi et de l'oued Chergui, où des calcaires noirâtres lignitifères se montrent au-dessus des lumachelles de petits Gastéropodes; au *djebel Merkeb*, où l'on voit à la partie inférieure des couches à Polypiers qui ne paraissent pas se montrer dans les autres gisements.

Les couches néocomiennes supérieures supportent encore, dans la province d'Oran, le bordj d'Aflou, au milieu du djebel Amour, et M. Le Mesle a recueilli autour de ce poste avancé les *Ostrea Eos, O. Maresi*, et le *Terebratula prælonga*, si abondant dans tous ces gisements.

Ce géologue les signale également au *djebel M'daouer* et au *kheneg de Seklafa*, entre le Lazereg et Aflou ; puis, plus au nord, à *Sidi-Bouzid* et jusqu'à *Zemira*.

En ce qui concerne plusieurs de ces derniers gisements que nous venons de citer, nous avons, en réalité, des doutes sérieux sur la convenance de leur classification dans l'étage néocomien. Les coupes qui nous ont été envoyées de ces localités tendent, à la vérité, à les rattacher à cet étage, et les caractères pétrologiques semblent en effet corroborer cette manière de voir ; mais, d'autre part, la faune très-différente, et d'un facies tout à fait jurassique, me paraît pouvoir faire infirmer ces conclusions, et conduire à placer les couches de ces localités, au moins en partie, sur l'horizon de l'étage corallien supérieur. Ces couches alors se trouveraient là peut-être, par rapport à l'étage néocomien, dans les mêmes relations que celles du djebel Seba ou de l'oasis de Chellalah, dont elles ne sont pas très-éloignées. M. Le Mesle, auquel j'ai fait part de ces observations en lui demandant quelles relations il avait pu constater entre ces gisements douteux et ceux plus franchement néocomiens des localités voisines, m'a fait connaître qu'il n'avait rien remarqué de bien probant à cet égard, et qu'il partageait complétement mes doutes.

Ces observations s'appliquent plus particulièrement au djebel M'daouer, au Seklafa, qui en est voisin, et au djebel Merkeb, qui forme de l'autre côté de l'oued Mzi deux longues crêtes parallèles situées sur le prolongement des deux montagnes que je viens de désigner. Peut-être même faudrait-il étendre nos réserves jusqu'à Sidi-Bouzid et autres localités voisines?

Le kheneg de Seklafa ayant fourni un Oursin intéressant, qui prend place dans nos descriptions sous le nom de *Rhabdocidaris Durandi*, Gauthier, il est nécessaire d'entrer dans quelques détails sur cette localité, pour préciser la position de cet Oursin, et justifier les doutes que nous avons sur l'âge qu'il convient de lui attribuer.

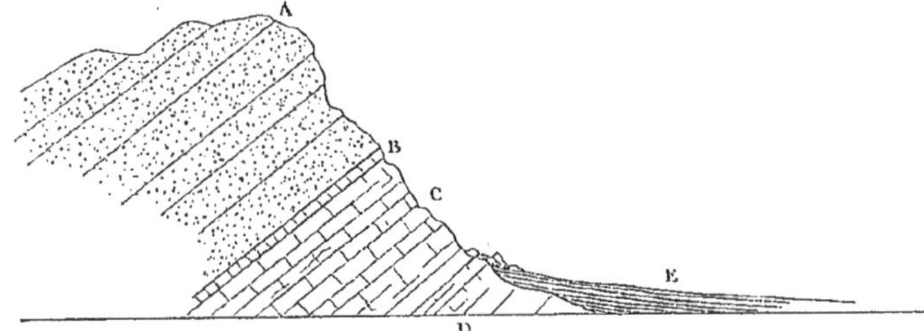

Fig. 8. — Coupe du kheneg de Seklafa.

A. Grands bancs de grès sans fossiles.
B. Petit banc de lumachelle avec Crinoïdes et radioles de *Rhabdocidaris Durandi*.
C. Calcaires gris blonâtre à Céromyes, Nautiles, etc.
D. Calcaires masqués par les éboulis et le terrain saharien.
E. Terrain saharien.

M. Le Mesle nous a envoyé de ce défilé le profil ci-dessus que nous reproduisons, en ajoutant quelques détails sur les fossiles qui accompagnent cet envoi.

Tout le sommet et la plus grande partie de la colline sont formés par des assises A d'un grès blanc sans fossiles. M. Le Mesle n'a pu reconnaître, d'après leurs caractères, si ces grès étaient ceux de l'étage rhodanien ou ceux qui sont intercalés dans le néocomien.

Au-dessous de ces grès, immédiatement en B, MM. Le Mesle

et Durand ont observé une assise lumachellique pétrie de débris d'Huîtres et empâtant de petits *Mytilus* ou Avicules, des Crinoïdes et des radioles d'Oursins à longues épines. Les Crinoïdes, assez mal conservés d'ailleurs, paraissent cependant pouvoir être rapportés assez sûrement au genre *Apiocrinus*, qui est jusqu'ici exclusivement jurassique et abonde dans le séquanien de Chellalah.

Les radioles d'Oursins étaient inconnus, mais M. Cotteau et M. Gauthier, qui en font le *Rhabdocidaris Durandi*, ont été frappés du facies jurassique de cette espèce.

Au-dessous du banc B apparaît une série de bancs calcaires gris bleuâtre, où M. Le Meslo a rencontré un Nautile à dos carré, qu'il n'a pu emporter, puis une grosse Céromye, qui me paraît parfaitement identique, par sa taille, sa forme et ses ornements, au *Ceromya excentrica* de l'étage kimmeridgien.

La base enfin de l'escarpement est formée par des couches que les alluvions et les éboulis n'ont pas permis d'étudier.

Le djebel M'daouer est composé comme le Seklafa. Les grès A en forment le couronnement, et les calcaires marneux C la base. Sur ce point, ces derniers renferment de nombreux fossiles, et la Céromye indiquée ci-dessus, notamment, s'y trouve en abondance. On y remarque encore une petite Trigonie inconnue dans les autres gisements, un gros Gastéropode, et une Mactromye identique de forme à la *Mactromya rugosa* du kimmeridgien et du séquanien.

Le Merkeb, d'après le capitaine Durand, contient également la couche à Céromyes, mais la lumachelle à Crinoïdes ne paraît pas s'y montrer. On y trouve par contre une assise pétrie de Polypiers. Nous donnons ci-dessous le profil de cette montagne, d'après les croquis de M. Durand.

On conçoit, d'après ce simple aperçu, qu'en raison de l'absence complète des espèces qui caractérisent les gisements néocomiens voisins, et en raison du facies tout particulier et des affinités jurassiques de la petite faune que nous venons de mentionner, il nous paraisse nécessaire de réserver jusqu'à nouvelle étude l'âge des couches du Seklafa, et en particulier celui du

Rhabdocidaris Durandi, que nous comprenons sans doute à tort parmi les espèces néocomiennes.

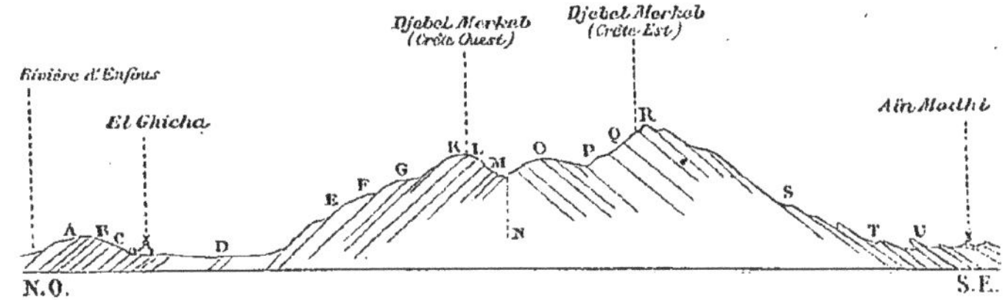

Fig. 9. — Coupe du djebel Merkeb de la Gada d'Enfous à Aïn-Madhi (d'après des notes de M. le capitaine Durand).

A. Couche calcaire avec *Echinobrissus*.
B. Lumachelle.
C. Couches à *Terebratula prælonga*.
D. Bancs de grès. — Terrain saharien à la surface.
E. Marnes.
F. Grès à fossiles indéterminés.
G. Calcaire bleu.
K. Marnes avec Avicules, Pholadomyes (Céromye ?). Comme à la base du Seklafa.
L. Grès, schistes, grès à ondulations.
M. Calcaire bleu veiné de cristaux de carbonate de chaux.
N. Fracture, mouvement de terrain que M. Durand n'est pas sûr d'avoir très-bien compris.
O. Grès à éléments fins.
P. Calcaire bleu et calcaire dolomitique ou grès.
Q. Calcaire bleuâtre avec traces de fossiles.
R. Calcaire bleuâtre riche en Polypiers.
S. Lumachelle, marnes.
T. Calcaires avec Polypiers et traces de grandes Nérinées.
U. Grès, dolomies, marnes....

Il nous reste, pour avoir mentionné tous les gisements néocomiens qui ont fourni des matériaux à notre étude échinologique, à dire quelques mots de deux localités où MM. Ville et Nicaise ont recueilli quelques Oursins.

Ces Échinides, qui appartiennent à la collection du service des mines de l'Algérie, nous ont été obligeamment communiqués par M. Ville. Ils figurent dans cette collection sous les noms de *Collyrites ovulum*, *Echinospatangus cordiformis*, *Holectypus macropygus*, et ont été recueillis tous ensemble à *Hadjar-Roum*, dans la province d'Oran, et le deuxième également à *Aoüina-el-Hamiz*, dans celle d'Alger.

A la vérité, ces Oursins sont dans un état si mauvais de conservation, qu'il nous a paru impossible d'affirmer leur identité; mais le seul fait de la probabilité de ces déterminations rendrait intéressante l'étude de leurs gisements, et il nous paraît utile de les indiquer ici.

Le gisement néocomien que M. Ville a observé dans la province d'Oran se trouve à l'est de *Tlemcen*, où il constitue une large bande parallèle au rivage de la mer et comprise entre les hauts plateaux au sud et la vaste plaine de *Sidi-bel-Abbès* et de l'*Isser* au nord. Il se compose essentiellement de couches de calcaires gris, compactes, très-durs, dans lesquelles sont intercalées des assises puissantes de dolomies et de quartzites, et quelques bancs de marnes schisteuses (1).

M. Ville, indépendamment des Oursins cités ci-dessus, mentionne encore d'autres fossiles caractéristiques, comme *Belemnites latus*, *Natica prælonga*, *Ostrea Couloni*, *O. macroptera*, etc. Il paraît donc assez probable, en raison de tous ces caractères, que les gisements des environs de Tlemcen sont semblables à ceux du djebel Bou-Thaleb.

L'*Echinospatangus cordiformis*, ou du moins un Oursin ainsi déterminé, a été également recueilli, comme nous l'avons dit, à Aouïna-el-Hamiz, à l'extrémité est de la chaîne de *M'kraoula*. Cette localité, qui se trouve à environ 60 kilomètres au nord-ouest de Bou-Saada, rentre dans le cercle des terrains néocomiens du sud que nous avons parcouru. Elle se trouve de l'autre côté de la plaine des *Ouled Sidi-Brahim*, en face des terrains aptiens et néocomiens supérieurs de *Teniet-Nama* et d'*Aïn-Kermam*, dont elle paraît former le pendage. La chaîne de montagnes à laquelle appartient ce gisement s'étend sur un long espace au nord des lacs Zahrez. Il m'a été donné de l'explorer sur plusieurs points de son développement, notamment vers *Taguin*, à son extrémité occidentale, au *Seba-Rous*, au centre, et au *djebel M'kraoula*, à l'est, et j'ai pu reconnaître qu'à partir du caravansérail de *Guelt-es-Settel*, toute la partie orientale appartient au terrain crétacé inférieur. Auprès d'*Aïn-Hammam* et non loin d'Aouïna-el-Hamiz, j'ai reconnu les calcaires rhodaniens à Orbitolines et les calcaires à Caprotines, dont j'ai pu recueillir quelques exemplaires. Les couches de grès rougeâtres, de marnes violacées et de calcaires foncés qui se trouvent au-

(1) *Notice minéralogique sur la province d'Oran et d'Alger*, p. 3.

dessous rappellent complétement celles du néocomien d'Aïn-Kermam et de Bou-Saada. Nous croyons donc qu'on peut en conséquence rapporter l'*Echinospatangus* d'Aouïna-el-Hamiz à l'horizon de ceux du Zaccar et d'el Asfor.

Après avoir ainsi parcouru les gisements néocomiens connus de l'Algérie, il convient, pour terminer cette notice, de résumer nos observations en ce qui concerne la place à leur assigner dans la série, et par conséquent en ce qui concerne l'âge relatif de nos Oursins.

Tout d'abord nous rappelons que d'après les renseignements que nous en avons, les gisements de la région nord du Tell, aux environs de Constantine et au nord-est de Sétif, doivent être considérés comme représentant exactement le néocomien provençal de M. Lory à facies vaseux pélagique. A notre connaissance, les calcaires à Céphalopodes déroulés n'ont pas été reconnus et les marnes inférieures seules existeraient.

Les gisements de la deuxième zone montagneuse, beaucoup mieux connus de nous, ne nous paraissent offrir aucune difficulté. L'identité de leur constitution avec celles de certaines localités classiques de l'Isère et de la Drôme rend facile leur classification. Nous avons vu qu'on rencontrait au Bou-Thaleb, au-dessus des calcaires à ciment, d'abord des marnes à Bélemnites plates; puis des calcaires fossilifères représentant au-dessus le néocomien jurassien à facies littoral, d'un synchronisme non douteux avec les calcaires de Neufchâtel, avec les marnes d'Hauterive et avec le néocomien proprement dit du bassin de Paris.

Nous avons donné plus haut la liste des Oursins qui proviennent de ces gisements, et nous rappellerons seulement que leur âge peut être considéré comme bien établi, et le même que celui de l'*Echinospatangus cordiformis*.

Si maintenant nous envisageons le terrain néocomien du sud de l'Algérie, la question se complique davantage et la parallélisation devient difficile. Ses gisements, nombreux et répandus sur un vaste espace, affectent un facies tout spécial et contiennent des fossiles qui leur appartiennent exclusivement. C'est à peine si dans le grand nombre de ces fossiles qui y ont été recueillis, quelques assimilations incertaines ont pu être faites, les unes avec des espèces connues de l'étage valenginien ou de l'étage néocomien, les autres avec des espèces urgoniennes ou aptiennes.

Nos devanciers ont cité déjà dans ce groupe de couches les espèces suivantes : *Nerinea gigantea*, *Natica lævigata*, *Pterocera pelagi*, *Trigonia Hondaana*, *Mytilus Cuvieri*, *Ostrea Leymeriei*. Mais dans cette liste, nous l'avons dit, il y a plusieurs assimilations qui nous paraissent bien douteuses et hasardées. L'ensemble, en outre, forme une réunion tout à fait hétérogène, et qui ne peut réellement servir à caractériser aucun horizon. Nos recherches et celles de M. Le Mesle ont ajouté quelques espèces connues à cette petite faune, mais nous ne pouvons en vérité nous flatter qu'elles aient bien nettement éclairé la question. Celles que nous pouvons mentionner, en effet, comme les *Terebratula prælonga* (*T. acuta*, Quenstedt), *T. sella*, *Trigonia longa*, *Pseudocidaris clunifera*, *Natica Pidanceti*, appartiennent en même temps à plusieurs subdivisions de la série crétacée inférieure, ou bien sont, comme les précédentes, d'une détermination peu certaine. Toutes les nombreuses autres espèces que nous possédons sont complétement nouvelles, ou au moins spéciales à ces gisements néocomiens du sud, comme les *Ostrea Maresi*, *O. Eos*, *O. Cerberus*, *O. mauritanica*, *O. Tisiphone*, *Cidaris Maresi*, *Nerinea Pauli*, etc. Elles ne peuvent donc nous être d'aucun secours, quant à l'âge à assigner aux couches qui les renferment.

De l'examen de toute cette faune il résulte tout d'abord ce fait, c'est que sa dissemblance avec celle du néocomien du Bou-Thaleb est sinon absolue, au moins très-considérable, et qu'il paraît, pour cette raison, bien difficile de mettre ces gisements exactement sur le même horizon. On ne peut invoquer ici, pour justifier ces différences, ni l'éloignement, ni le changement de facies. Nous avons vu en effet que les deux régions sont reliées par des intermédiaires; et d'ailleurs la distance entre elles est beaucoup moins grande qu'entre le midi de la France et le Bou-Thaleb, qui présentent cependant tant d'analogie. Quant au facies, on peut le considérer comme étant exactement le même, car des deux côtés ce sont des dépôts sublittoraux, et une faune composée de la même manière et renfermant les mêmes genres.

Remarquons en outre que la position stratigraphique des couches du sud n'est plus du tout semblable à celle qu'occupe le néocomien du nord; et que, d'autre part, leurs caractères pétrographiques, loin de concorder avec ceux de ce terrain, sont beaucoup plus en rapport avec les couches qui lui sont immédiatement supérieures. Si, en effet, nous comparons à ce dernier point de vue les séries de couches de Bou-Saada, d'el Asfor et du Lazereg avec celles qui au Bou-Thaleb succèdent immédiatement au calcaire à Spatangues, nous trouvons une remarquable analogie. La base de ce groupe effectivement est là, comme dans le sud, formée par une masse de dolomies grisâtres, et la longue succession de marnes multicolores, de grès en petits bancs et de calcaires noirâtres qui se superposent aux dolomies, est, au moins comme ensemble, identique dans les deux régions. A la vérité, nous n'avons recueilli dans cette partie des couches au Bou-Thaleb que quelques débris d'Huîtres, mais nous reconnaissons que nos recherches n'ont pas été assez persévérantes pour que nous puissions affirmer l'absence des fossiles du sud, et pour qu'on puisse par conséquent tirer argument de cette différence.

Pour les raisons donc que nous venons d'exposer, nous pensons que les gisements du sud doivent être placés sur le niveau des couches du Serra-Mta-Grouze supérieures au néocomien de Teniet-Courass. Cette manière de voir, ainsi que nous l'avons dit, est également celle de M. Brossard; mais nous nous séparons de ce géologue en ce qui concerne la place à donner à cet ensemble dans la nomenclature française.

M. Brossard a placé les couches qui nous occupent dans les étages barrémien et urgonien. Nous ne croyons pas cette classification bien exacte. L'étage barrémien d'abord, que M. Coquand avait créé, a été reconnu par lui-même comme n'ayant pas de raison d'être. Quant à l'étage urgonien, il n'est, comme on le sait, qu'un facies de l'étage aptien inférieur, ou rhodanien de

M. Renevier. Il occupe, à la vérité, assez habituellement la partie inférieure de cet étage, mais souvent aussi il se confond et alterne même avec lui. Ces faits, bien établis par des observateurs comme MM. Hébert, Lory, etc., justifient à nos yeux la création d'un étage urgo-aptien pour l'ensemble de ces couches.

Or, en Algérie, l'étage urgo-aptien existe très-riche et très-développé bien au-dessus des couches dont nous avons parlé dans ce travail. Son identité avec celui de la perte du Rhône, de la Clape, de Foudouille, etc., est établie d'une façon péremptoire par un grand nombre de fossiles d'une détermination facile, et en même temps son affinité avec le sous-étage urgonien de d'Orbigny est affirmée par la présence de couches remplies de *Caprotina Lonsdalei* et autres espèces caractérisant ce facies.

Il est donc, à notre avis, peu logique d'attribuer le nom d'urgonien à un ensemble d'assises très-inférieur à celui où l'on trouve le *Caprotina Lonsdalei*, et qui n'a d'ailleurs avec les couches d'Orgon aucun rapport paléontologique bien établi (1).

La place que, selon nous, il convient d'affecter aux gisements du Kerdada et autres localités des environs de Bou-Saada et de Laghouat, est donc ainsi comprise entre le néocomien jurassien, ou calcaire à Spatangues, et l'étage urgo-aptien. C'est, comme on le sait, la place qu'occupent dans le bassin de Paris les argiles ostréennes, et dans le néocomien alpin les calcaires de Barrême à *Scaphytes Yvani*.

A la vérité, là encore l'analogie paléontologique fait presque complétement défaut entre les deux systèmes, et cette absence de caractères communs nous impose des réserves sérieuses sur la classification de nos couches. Ces gisements d'Algérie, par le développement de leurs assises, par le nombre considérable de leurs espèces propres, forment un type dont nous ne connaissons pas le réel analogue en France. A coup sûr, bien des étages ont été sous des noms distincts introduits dans la nomenclature, qui n'y avaient peut-être pas autant de droit.

(1) La classification qu'a adoptée M. Brossard l'a obligé à séparer, pour les placer dans deux étages différents, des fossiles intimement réunis à Orgon, comme le *Chama Ammonia* et le *Caprotina Lonsdalei*.

DESCRIPTION DES ESPÈCES.

Collyrites ovulum, d'Orbigny, 1853.

Disaster ovulum, Ville, *Notice minéralog. sur les prov. d'Oran et d'Alger*, 1858, p. 4.
Collyrites ovulum, Coquand, *Mém. de la Société d'émulation de la Provence*, 1862, t. II, p. 282.

Nous rapportons au *Collyrites ovulum* un exemplaire très-mal conservé, qui fait partie de la collection du service des mines, à Alger. Cet individu est d'assez grande taille et ne nous paraît pas différer du vrai type de l'espèce. Le dessous seul est bien visible; la partie postérieure est rétrécie, subacuminée; le sillon antérieur assez accusé au pourtour, le péristome placé au quart antérieur et dans une dépression. La face supérieure est aplatie par accident et presque complétement empâtée.

Localité. — Hadjar-Roum, département d'Oran, étage néocomien, d'après M. Ville.

Collection du service des mines à Alger.

Echinospatangus cordiformis, Breynius, 1732.

Toxaster complanatus, Ville, *Notice minér. sur les prov. d'Oran et d'Alger*, 1858, p. 4.
Echinospatangus cordiformis, Coquand, *Mém. de la Soc. d'émul. de la Provence*, 1862, t. II, p. 283.
Echinospatangus cordiformis, Nicaise, *Catal. des Anim. foss. de la prov. d'Alger*, 1870, p. 43.

M. Ville a eu l'obligeance de nous communiquer les deux exemplaires qu'il a rapportés à cette espèce. L'un d'eux provient d'Aouinat-el-Hamir. Cet exemplaire est de taille moyenne, de conservation médiocre et ne reproduit qu'incomplétement les types connus de France et de Suisse. Le sillon ambulacraire est peu creusé, ce qui pourrait engager aussi à réunir cet individu à l'*Ech. granosus* d'Orbigny. L'appareil apical, plus allongé dans cette dernière espèce, n'est pas visible dans l'exemplaire que nous avons sous les yeux, et ne peut nous guider.

L'autre exemplaire, plus petit, moins bien conservé encore, mais à sillon antérieur plus creusé, provient de Hadjar-Roum. Nous ne saurions rien affirmer non plus au sujet de la détermination spécifique.

En dehors de ces deux exemplaires douteux, nous n'avons pu constater nulle part la présence de l'*Ech. cordiformis* en Algérie. M. Coquand a signalé cette espèce (*Toxaster complanatus*) à Aïn-Zaïrin, près de Constantine, dans un premier mémoire sur la province (1). Il en a affirmé de nouveau l'existence dans le second mémoire que nous avons cité à la synonymie. Mais sa riche collection, gracieusement mise à notre disposition, ne renferme aucun exemplaire qui nous permette de vérifier l'exactitude de la détermination spécifique. M. Pomel (2) cite aussi l'*Ech. cordiformis* dans le néocomien d'Algérie, mais sans indication de localité. Nous croyons donc devoir nous tenir sur la réserve en inscrivant cette espèce parmi les Échinides algériens, et c'est un fait à noter que l'extrême rareté de cet *Echinospatangus* en Algérie, si toutefois il y existe réellement. Cette espèce, si abondante en France et en Suisse, ne semble pas s'être développée de l'autre côté de la Méditerranée. Cette particularité est d'autant plus remarquable que, dans toutes les couches crétacées de l'Algérie, les Échinides sont très-nombreux. Le terrain néocomien, seul dans la série, comme aussi les étages jurassiques, semble faire exception à cette règle d'abondance.

Localité. — Aouinat-el-Hamir, à l'extrémité est de la chaîne du M'kraoula, dans le Zahrez-Chergui, département d'Alger. — Hadjar-Roum, département d'Oran.

Collection du service des mines à Alger.

(1) *Mémoires de la Société géologique*, 2e série, t. V, p. 88.
(2) *Le Sahara*, p. 32.

Echinospatangus subcavatus, Gauthier, 1875.
Fig. 54-58.

Longueur	27 millim.
Largeur	25
Hauteur	15

Oursin cordiforme, de taille moyenne. Face supérieure arrondie, mais déprimée, offrant une courbe assez régulière, dont le point le plus élevé est au centre. Dessous à peu près plat, creusé aux approches du péristome, un peu renflé dans l'aire de l'interambulacre impair. Face postérieure coupée carrément : le périprocte est au sommet d'une area bien marquée.

Appareil apical subcentral, un peu en avant, composé de quatre plaques génitales assez larges et peu allongées, en contact entre elles. La plaque madréporiforme est saillante et granuleuse. Les cinq plaques ocellaires sont intercalées dans les angles des plaques génitales et se prolongent jusqu'à la plaque madréporiforme.

Ambulacre impair logé dans un sillon à peine marqué, plus étroit que les ambulacres pairs. Les pores sont presque égaux entre eux; toutefois ceux des rangées extérieures sont un peu plus longs. Ambulacres pairs non flexueux, logés dans une dépression légère, assez larges, les postérieurs presque aussi longs que les antérieurs. Les pores sont presque égaux, plus allongés cependant dans les rangées externes. Péristome pentagonal. Granulation éparse, plus grossière à la face inférieure.

Rapports et différences. — L'*Echinospatangus subcavatus* est voisin de forme de l'*Ech. granosus* d'Orbigny. Il en diffère par l'absence de gros granules dans le sillon antérieur, par ses ambulacres postérieurs plus longs, par le sillon ambulacraire échancrant moins l'ambitus, par son sommet moins en arrière, par la courbe supérieure moins déclive en avant, par son aire anale plus carrément tronquée, par ses ambulacres légèrement creusés, par son appareil apical plus large et moins long. Il s'éloigne de l'*E. Collegnii* d'Orb., par ses ambulacres plus longs, moins creusés, par les pores tout différents de l'ambulacre impair; de l'*E. Ricordeanus*, Cotteau, par sa forme beaucoup moins élevée et un aspect tout différent; de l'*E. cordiformis* par ses ambulacres non flexueux, par son sommet plus en avant, par son sillon moins creusé, par sa face supérieure moins déclive.

LOCALITÉ. — Anouel, Teniet-Courass (djebel Bou-Thaleb, au sud de Sétif, djebel Afghan). — Étage néocomien moyen.

Collection Peron.

ECHINOSPATANGUS AFRICANUS, Coquand (manuscrit), 1875.

Fig. 59-62.

Longueur.............................	38 millim.
Largeur	35
Hauteur..............................	22

Espèce d'assez grande taille, cordiforme, élargie en avant, peu rétrécie en arrière; courbe supérieure assez régulière; dessous plat, légèrement renflé dans l'aire interambulacraire postérieure.

Sommet ambulacraire central. Appareil apical assez long, composé de quatre plaques génitales et de cinq plaques ocellaires. La plaque madréporiforme est en contact avec les trois autres plaques génitales; mais la plaque antérieure gauche ne touche pas la plaque postérieure du même côté; elles sont fortement désunies par la plaque ocellaire, moins cependant que dans les *Holaster*. Cette disposition, très-accusée dans notre espèce, est d'ailleurs commune à plusieurs *Echinospatangus*. La théorie qui met toutes les plaques génitales en contact ne convient pas à toutes les espèces du genre.

Ambulacre antérieur logé dans un sillon peu profond, s'évasant à mesure qu'il s'approche de l'ambitus, qu'il échancre à peine. Les pores sont inégaux, en chevrons, les plus petits à l'intérieur. Ambulacres pairs flexueux, longs, surtout les antérieurs, superficiels, composés de pores inégaux, les extérieurs allongés, les intérieurs très-petits.

Périprocte de taille médiocre, au sommet d'une area à peine marquée, la face postérieure étant plutôt arrondie que coupée carrément. Péristome pentagonal assez grand, à peu près au tiers antérieur du diamètre longitudinal, au milieu d'une légère dépression du test. Les sillons ambulacraires qui partent de la bouche sont très-accentués sur toute la face inférieure. Tubercules petits, épars sur toute la surface du test, plus gros en dessous. Granulation miliaire homogène, fine et serrée.

Rapports et différences. — Cette espèce est très-voisine de l'*E. granosus*, dont elle a l'aspect général et le sillon antérieur peu creusé ; la disposition des plaques apicales est aussi la même, mais un peu plus allongée dans les exemplaires d'Algérie. L'*E. africanus* se distingue de l'espèce valengienne par une forme un peu moins gibbeuse, par la partie postérieure du test plus élargie, par les ambulacres postérieurs plus longs, par le dessous plus plat, et surtout par les sillons ambulacraires fortement accusés à la face inférieure. Il est également voisin de forme de notre *Ech. subcavatus*, mais il s'en éloigne par ses ambulacres non creusés et flexueux, et par la disposition des plaques de l'appareil apical. Il rappelle encore l'*E. subcylindricus*, d'Orbigny, mais il est plus large et moins haut.

LOCALITÉS. — Djebel Merguet, kheneg de Zaccar, entre Djelfa et Laghouat, département d'Alger. — El-Asfor, dans le djebel Zerga, près de Sétif, département de Constantine.

Recueilli dans des couches qui nous paraissent appartenir au néocomien supérieur, ou peut-être à l'urgonien inférieur. — Assez rare.

Collections Coquand, Durand, Gauthier, Peron.

ECHINOSPATANGUS VILLEI, Gauthier, 1875.

Longueur	34 millim.
Largeur	33
Hauteur	22

Espèce cordiforme, renflée, épaisse, arrondie au pourtour, rétrécie en arrière. Face supérieure convexe, formant une courbe assez régulière ; face inférieure renflée, déprimée autour du péristome.

Appareil apical carré, composé de quatre plaques génitales

en contact, dont la plaque antérieure de droite porte le corps madréporiforme. Celui-ci occupe le centre et n'est que peu développé. Les cinq plaques ocellaires sont intercalées dans les angles des plaques génitales.

Ambulacres pairs très-larges, dans une légère dépression du test. Les ambulacres antérieurs sont flexueux, très-ouverts à l'extrémité; les deux zones de pores sont inégales, la zone postérieure étant plus large que l'antérieure. L'espace qui les sépare est aussi large que cette zone postérieure elle-même. Ambulacres postérieurs subpétaloïdes, formés de deux zones de pores égales, larges, et laissant entre elles un médiocre intervalle.

Périprocte au sommet de l'area postérieure. Péristome dans une dépression ; mais nous n'avons pas pu en constater la forme exacte.

Rapports et différences. — Au premier aspect, cette espèce, avec ses ambulacres larges et logés dans un léger sillon, pourrait être prise pour un *Epiaster*. Nous l'avons rangée parmi les *Echinospatangus*, à cause du peu de profondeur des sillons ambulacraires, et surtout à cause de l'inégalité des zones de pores dans les ambulacres antérieurs. Il est vrai que cette inégalité n'existe pas dans les ambulacres postérieurs, qui sont en outre presque fermés à l'extrémité. Nous n'avons malheureusement pas pu nous assurer si le péristome était pentagonal ou bilabié.

Nous ne voyons aucune espèce du genre avec laquelle on puisse confondre l'*E. Villei*. Il se distingue de l'*E. subcavatus* par sa forme plus renflée, ses ambulacres pairs antérieurs plus larges, flexueux et moins longs, ses ambulacres postérieurs presque fermés à leur extrémité. Les sillons ambulacraires sont moins profonds que dans l'*E. Collegnii*; ils sont surtout plus larges, et l'ensemble est plus épais et plus arrondi.

LOCALITÉ. — Le seul exemplaire connu a été recueilli par M. Ville aux environs de Teniet-el-Haad, département d'Alger, avec *Ostrea macroptera*. — Étage néocomien, d'après M. Ville.

Collection du service des mines à Alger (1).

(1) Cet exemplaire nous a été communiqué trop tard pour être figuré.

Pygurus eurypneustes, Gauthier, 1875.
Fig. 51-53.

Nous ne possédons de cette espèce qu'un fragment imparfait, mais d'après lequel nous pouvons préciser les caractères suivants :

Forme ovale, courbe supérieure peu élevée, mais assez régulière. Bord arrondi, tronqué carrément à la partie antérieure, sans échancrure. Sommet à peu près central.

Ambulacres très-longs et très-larges, composés de pores très-inégaux, les intérieurs petits et ovales, les extérieurs formant une incision étroite et allongée, qui se prolonge jusqu'au pore interne, et qui excède 3 millimètres en longueur. L'aire qui sépare les zones porifères est également fort large et couverte de granules en lignes régulières et serrées.

La granulation des interambulacres est régulière et fine, assez analogue à celle du *Pyg. Montmolini*. Autour de l'ambulacre impair les granules sont beaucoup plus espacés, de grande taille, surtout en approchant du bord.

Rapports et différences. — Le *Pygurus eurypneustes* nous paraît se distinguer de tous les *Pygurus* connus. Il diffère du *Pyg. Buchi*, Desor, par ses ambulacres plus longs, par sa forme beaucoup moins relevée, par sa partie antérieure non excavée. Ce dernier caractère le rapproche du *Pyg. productus*, ainsi que la position centrale du sommet, mais les ambulacres sont bien différents. La granulation est celle du *Pyg. Montmolini* : la partie antérieure non creusée, la largeur des ambulacres et la position médiane du sommet ne permettent pas de rapprocher ces deux espèces. On ne saurait non plus réunir le *Pyg. eurypneustes* au *Pyg. impar* qu'on trouve dans les mêmes couches. Il est plus oval, moins élargi en avant, et de plus la position du sommet et la forme des ambulacres l'en séparent complétement.

Localité. — Djebel Seba-Liamoun, revers méridional, au sud de Bou-Saada, département de Constantine. — Étage néocomien supérieur, ou peut-être urgonien inférieur.

Collection Peron.

Pygurus impar, Gauthier, 1875.

Fig. 68 et 69.

Forme large, subcirculaire, autant que nous pouvons en juger par un exemplaire unique où manque la partie postérieure. Partie antérieure tronquée carrément, mais non échrancrée. Face supérieure en courbe assez régulière. Sommet apical très-excentrique en avant. Les quatre plaques génitales sont assez grandes et fortement perforées; la plaque madréporiforme occupe le centre de l'appareil.

Ambulacres assez larges, longs, acuminés, composés de pores très-inégaux, les externes étant les plus longs. L'ambulacre impair se prolonge jusqu'au bord, qu'il contourne même. Granulation régulière et très-serrée. Les autres détails nous manquent.

Observation. — M. Peron a recueilli dans le terrain néocomien d'Anouel un fragment de *Pygurus* trop imparfait, que l'on pourrait peut-être rapporter au *Pygurus impar*, mais sur lequel nous ne pouvons rien affirmer, parce qu'il est mal conservé. Nous ne le mentionnons ici que pour tenir compte de tous nos matériaux. Il faudra attendre, pour se prononcer sûrement, que des recherches plus heureuses permettent de mieux préciser les caractères.

Rapports et différences. — Le *Pygurus impar* est voisin du *Pyg. Montmolini*, dont il a le sommet excentrique; il en diffère par sa face supérieure moins acuminée, par ses ambulacres plus longs, plus larges, moins effilés, par l'absence d'échancrure en avant.

Localité. — Djebel Seba-Liamoun, revers méridional, au sud de Bou-Saada.

Étage néocomien supérieur, ou peut-être urgonien inférieur.

Collection Peron.

Bothriopygus Meslei, Gauthier, 1875.

Fig. 63-67.

Longueur	43 millim.	Autre exemplaire.	25 millim.
Largeur	31	—	19
Hauteur	18	—	10

Forme ovale, allongée, peu élevée, formant à la partie supérieure une courbe à grand rayon, dont le point culminant est au sommet apical; à peine plus large en arrière qu'en avant, presque plane en dessous, sauf autour du péristome.

Appareil apical très-peu étendu, composé de plaques très-petites, subcentral, légèrement en avant. Ambulacres subpétaloïdes, longs, étroits et effilés, formés de pores très-petits, mais plus allongés dans les rangées externes, presque ronds dans les rangées internes.

Le péristome, bien qu'assez mal conservé dans tous les exemplaires que nous avons étudiés, paraît subpentagonal; il est placé dans une légère dépression du test. Périprocte ovale, situé à la partie postérieure, également invisible d'en haut et d'en bas. Granulation inconnue.

Rapports et différences. — Le *Bothriopygus Meslei* diffère du *Bothr. obovatus* d'Orbigny, par une forme plus étroite et plus allongée, par des ambulacres moins larges, par la position du périprocte qui occupe plus entièrement la face postérieure, à égale distance du dessus et du dessous. Il est plus voisin du *Bothr. Cotteauanus* d'Orbigny, auquel on doit, selon nous, réunir le *Bothr. Toucasanus* du même auteur. Cette dernière espèce a le sommet bien plus en avant, les ambulacres plus courts, la partie postérieure plus élargie : il est facile de distinguer les deux types à première vue.

Localité. — Recueilli par MM. Le Mesle et Durand au djebel Debdebba, entre le Milok et le Rakoussa, département d'Alger. — Assez rare.

Étage néocomien supérieur ou peut-être urgonien inférieur. Collections Durand, Gauthier, Le Mesle.

Bothriopygus Trapeti, Gauthier, 1875.
Fig. 70-73.

Longueur...............	27 millim.	Autre exemplaire.	35 millim.
Largeur.................	22	—	31
Hauteur................	11		

Forme médiocrement renflée, rétrécie en avant, un peu élargie en arrière, presque plane en dessous, mais déprimée autour du péristome. Sommet apical presque central, au point le plus élevé : de là le test s'incline en pente douce, à peu près uniforme, vers l'avant et l'arrière. Appareil apical médiocrement étendu ; les deux pores génitaux postérieurs sont plus écartés que les autres. Ambulacres à fleur de test ou légèrement renflés dans les grands exemplaires, pétaliformes, assez larges, s'étendant presque jusqu'au bord. Les pores externes sont plus allongés que les internes, ces derniers étant presque ronds.

Périprocte à la face postérieure, à peu près également visible d'en haut et d'en bas. Un léger sillon subanal échancre à peine le bord inférieur. Le péristome nous est inconnu. Granulation fine et assez serrée à la face inférieure.

Rapports et différences. — Voisine du *Bothr. Meslei*, cette espèce s'en distingue par la courbe supérieure plus renflée, par ses ambulacres bien plus larges, et par la face postérieure plus épaisse. Elle s'éloigne du *Bothr. obovatus* (*B. minor*) par la position plus supère du périprocte, et par l'aire anale coupée tout différemment. La partie antérieure est aussi moins large et les ambulacres diffèrent.

Localité. — Le *Bothr. Trapeti* a été recueilli par MM. Trapet et Durand au djebel Debdebba, entre le Milok et le Rakoussa, département d'Alger.

Étage néocomien supérieur, ou peut-être urgonien inférieur.

Collections Trapet, Durand, Gauthier.

ECHINOBRISSUS HUMILIS, Gauthier, 1875.

Fig. 74-76.

Longueur	27 millim.
Largeur	25
Hauteur	12

Forme déprimée, assez fortement rétrécie en avant, élargie en arrière. Face supérieure à peu près plate, pourtour arrondi. L'aire anale postérieure tombe verticalement. Face inférieure presque pulvinée, un peu creusée autour du péristome.

Sommet en avant, éloigné du bord postérieur de 0mm,67 de la longueur totale. L'appareil apical est invisible dans notre unique exemplaire. Ambulacres étroits, allongés, renflés, assez ouverts à l'extrémité. Les pores sont inégaux, les internes à peu près ronds, les externes allongés; ils sont bien visibles autour du péristome.

Périprocte situé à la face postérieure, empiétant même un peu sur la face supérieure; il est grand, acuminé aux extrémités. Péristome antérieur, à peu près à la même distance du bord que le sommet.

Rapports et différences. — Par sa forme très-déprimée, le renflement des ambulacres, la position du périprocte qui entame légèrement la partie supérieure, l'*Echinobrissus humilis* se distingue facilement de toutes les espèces du genre.

LOCALITÉ. — L'*Echinobrissus humilis* a été recueilli par M. Le Mesle, à 2 kilomètres au sud du kheneg de Merguet, avec l'*Echinospatangus africanus*.

Étage néocomien supérieur, ou peut-être urgonien inférieur.

Collection Gauthier.

ECHINOBRISSUS DURANDI, Gauthier, 1875.

Fig. 77-83.

Longueur	30 millim.	Autre exemplaire.	21 millmi.
Largeur	24	—	17
Hauteur	14	—	9

Forme ovale-allongée, à peine rétrécie en avant, déprimée

à la partie supérieure, arrondie au pourtour, presque plane en dessous, sauf une dépression peu considérable autour du péristome. La face postérieure est brusquement inclinée, un peu oblique, surtout dans les jeunes. Sommet subcentral, légèrement en avant.

Appareil apical peu étendu; plaques génitales au nombre de quatre; la plaque antérieure droite porte le corps madréporiforme, qui occupe le milieu de l'appareil. Les cinq plaques ocellaires sont très-petites et intercalées dans les angles des plaques génitales.

Ambulacres étroits, longs, subpétaloïdes, composés de pores allongés et obliques dans les rangées externes, à peu près ronds dans les rangées internes. Les pores se continuent en dehors de l'étoile pétaloïde; ils sont alors plus petits, uniformes, plus éloignés, mais visibles partout, jusqu'au péristome, où ils forment un floscelle distinct, mais peu développé.

Péristome pentagonal, oblique, dans une légère dépression du test. Périprocte très-long, ovale, étroit, occupant presque toute l'aire postérieure, terminé à la base par un sillon très-court et échancrant à peine l'ambitus.

Granulation serrée, les granules principaux assez gros, d'autres plus fins, occupant les intervalles.

Rapports et différences. — L'*Echinobrissus Durandi* se distingue assez facilement de ses congénères par sa forme allongée et peu épaisse. Il est voisin de l'*Echin. Duboisii*, Desor, dont il se distingue par sa partie postérieure plus déprimée, par son périprocte plus long et descendant plus près du bord, par son aire anale moins verticale, par son péristome oblique.

Localité. — Djebel Debdebba, entre le Milok et le Rakoussa, département d'Alger.

Étage néocomien supérieur, ou peut-être urgonien inférieur.

Collections Durand, Gauthier.

ECHINOBRISSUS SEBAENSIS, Gauthier, 1875.
Fig. 84-89.

Longueur	37 millim.
Largeur	31
Hauteur	18

Test d'assez grande taille, allongé, rétréci en avant, à peu près aussi large en arrière qu'au milieu. Face supérieure assez élevée. Le sommet apical, qui est le point culminant, est au tiers antérieur; de là le test forme une courbe déprimée jusqu'au bord postérieur. Face inférieure fortement concave.

Appareil apical composé de quatre plaques largement perforées, quoique de petite dimension. La plaque madréporiforme est relativement grande et occupe tout le centre de l'appareil. Les cinq plaques ocellaires sont très-petites et s'intercalent dans les angles des plaques génitales. Ambulacres longs, pétaloïdes composés de pores ovales et petits dans les rangées intérieures, plus allongés dans les rangées extérieures.

Péristome enfoncé, assez grand, subpentagonal, excentrique en avant, sans floscelle bien apparent, quoique les pores se multiplient. Périprocte grand, ovale, assez bas, au sommet d'un sillon court et large, qui n'échancre que médiocrement le bord.

Remarques. — La forme de cette espèce n'est pas toujours très-constante. La courbe supérieure est plus ou moins accentuée vers le sommet, et dès lors la pente postérieure plus ou moins déclive. Quelques individus jeunes sont plus arrondis, ce qui fait que la partie où se trouve le périprocte est moins oblique et donne à l'ensemble une forme voisine de celle des *Phyllobrissus.*

Rapports et différences. — L'*Echinobrissus Sebaensis* est beaucoup plus large en arrière que l'*E. Olfersii.* La partie postérieure est moins rapidement déclive que dans l'*E. Bourguignati*, d'Orbigny, et le périprocte est moins haut. L'espèce dont il se rapproche le plus est l'*Echinobrissus Renaudi* de Loriol, ou *P. Cottaldinus*, Cotteau; il s'en distingue par ses ambulacres plus larges, par la position plus haute du périprocte, par l'obliquité de la face postérieure, et enfin par le dessous plus creusé.

LOCALITÉ. — Djebel Seba-Liamoun, revers méridional, dans le sud de Bou-Saada. Avec le *Pygurus impar*.

Assez abondant. — Étage néocomien supérieur ou urgonien inférieur.

Collections Peron, Gauthier, Cotteau, de Loriol.

PYRINA INCISA, d'Orbigny, 1856.

M. Peron a recueilli dans le terrain néocomien d'Anouel un exemplaire de *Pyrina* déformé et mal conservé, que nous croyons pouvoir rapporter au *Pyrina incisa*. Le périprocte est à la partie supérieure, et rien dans les ambulacres ou dans la granulation ne nous paraît différer des grands individus de l'espèce à laquelle nous comparons cet exemplaire. On comprendra toutefois notre réserve, puisque nous ne possédons qu'un fragment et en mauvais état.

Observation. — En Europe, le *Pyrina incisa* appartient aux couches du valengien, du néocomien moyen, et bien plus rarement de l'urgonien.

LOCALITÉ. — Foum-Anouel, rive gauche. Très-rare.

Étage néocomien moyen.

Collection Peron.

ECHINOCONUS SOUBELLENSIS, Gauthier, 1875.

Fig. 44-48.

Longueur	40 millim.
Largeur	37
Hauteur	24

Forme pentagonale, assez allongée, élargie en avant, médiocrement rétrécie en arrière. Face supérieure subconique, un peu déprimée sur les côtés, pourtour arrondi. Face inférieure légèrement concave.

Ambulacres étroits, formés à la partie supérieure de simples paires de pores superposées en ligne droite; sur toute la face inférieure ces pores sont très-remarquablement dédoublés. Péristome central, petit, décagonal, légèrement oblique. Périprocte de taille moyenne, marginal, mais visible seulement de la face inférieure ; il échancre un peu le bord postérieur.

Rapports et différences. — Aucune espèce du genre *Echinoconus* n'a été jusqu'à présent signalée dans l'étage néocomien. L'*E. Soubellensis* est donc le plus ancien qui soit connu. Il est assez voisin de l'*E. castanea*, d'Orbigny, auquel M. de Loriol, dans un ouvrage récent (1), a réuni l'*E. rotomagensis;* il en diffère par un aspect général moins renflé, par sa face supérieure plus acuminée, par ses flancs plus comprimés, par son pourtour moins arrondi, sa face inférieure plus concave, et ses pores bien plus fortement dédoublés en dessous. Ce sont deux espèces qu'il est facile distinguer à première vue.

LOCALITÉ. — Oued Soubella (djebel Bou-Thaleb). Exemplaire unique.

Étage néocomien moyen.

Collection Peron.

HOLECTYPUS MACROPYGUS, Desor, 1840.

Fig. 90-92.

DISCOIDEA MACROPYGA, Ville, *Notice minéralog. sur les provinces d'Alger et d'Oran*, 1858, p. 4.

HOLECTYPUS MACROPYGUS, Coquand, *Géol. et paléont. de la région sud de la province de Constantine*, 1862, p. 282.

HOLECTYPUS MACROPYGUS., Nicaise, *Catal. des Anim. foss. de la prov. d'Alger*, 1870, p. 43.

Les exemplaires de cette espèce, recueillis en Algérie, sont parfaitement conformes à toutes les descriptions données. La forme est circulaire ou légèrement pentagonale. La face supérieure plus ou moins déprimée, quelquefois subconique ; la face inférieure sensiblement creusée. Appareil apical petit, mais saillant; la plaque madréporiforme est relativement fort étendue. Les ambulacres sont composés de pores petits, superposés par

(1) *Échinologie helvétique*, partie crétacée, p. 194.

simple paire. Le périprocte occupe presque tout l'espace compris entre le péristome et le bord.

Nous possédons un exemplaire jeune dans lequel la face inférieure est plus profondément creusée. Le périprocte, plus grand que dans les adultes, échancre l'ambitus. Ces variations, dues au jeune âge, ont déjà été constatées bien des fois dans les exemplaires européens, et il n'y a rien là qui autorise à séparer spécifiquement cet exemplaire des autres.

Remarque. — L'*Holectypus macropygus* est très-répandu en Europe. On le rencontre très-rarement dans l'étage valengien. Il est assez commun dans les couches du néocomien moyen, et il remonte jusque dans l'aptien inférieur. En Algérie, nous aurons à signaler de nouveau cette espèce dans les couches à *Heteraster oblongus*.

LOCALITÉ. — Foum-Anouel (rive gauche), Teniet-Courass. — Assez rare.

Étage néocomien moyen.

Collection Peron.

CIDARIS MURICATA, Rœmer, 1836.

Fig. 49 et 50.

Nous ne connaissons qu'un seul radiole de cette espèce recueilli en Algérie. Il ne peut d'ailleurs y avoir aucun doute sur la détermination, car ce radiole est parfaitement conforme au type décrit. Un des côtés de la tige est couvert de granules fins, homogènes, aigus, reliés entre eux et formant des séries linéaires; l'autre côté porte, mêlées à de gros granules, des épines très-saillantes, comprimées, irrégulièrement placées. L'intervalle des épines est finement strié. Collerette épaisse, bouton peu développé.

Observation. — Le *Cidaris muricata* appartient en France aux couches du néocomien moyen. Il n'est pas rare en Suisse, dans le valengien de Sainte-Croix.

LOCALITÉ. — Foum-Anouel (rive gauche). — Rare.

Étage néocomien moyen.

Collection Peron.

CIDARIS MARESI, Cotteau, 1866.
Fig. 93-96.

CIDARIS MARESI, Cotteau, *Échinides nouveaux ou peu connus*, 1866, p. 112, pl. 15, fig. 8-10.

Radiole très-gros, renflé, glandiforme. La partie supérieure, qui se termine en pointe émoussée, porte des granules saillants, acuminés et spiniformes, inégaux, parfois épars, parfois rangés en séries longitudinales. Au milieu du radiole, les granules cessent subitement et sont remplacés par des lignes horizontales formant de légers sillons sinueux. La tige semble alors couverte de rides ou d'écailles aplaties, plus visibles sur un côté que sur l'autre. A la base on voit reparaître de petits granules.

Cette espèce a été recueillie d'abord par M. Marès, et depuis par MM. Durand et Le Mesle, dans les mêmes localités.

LOCALITÉS. — Djebel Zaccar, kheneg de Merguet, entre Djelfa et Laghouat. — Djebel Debdebba, entre le Milok et le Rakoussa. — Assez rare.

Collections Marès, Gauthier, Cotteau, Durand, Le Mesle.

RHABDOCIDARIS DURANDI, Gauthier, 1875.
Fig. 97-101.

Radiole très-long, assez grêle, subcylindrique, un peu comprimé, garni dans toute sa longueur d'épines grosses et acérées, disposées en deux rangées, une de chaque côté, et imitant assez grossièrement les barbes d'une plume. Les épines prennent naissance sur la tige, à peu près en face l'une de l'autre. La partie non épineuse est couverte tantôt d'une granulation saillante, serrée, non disposée en séries, tantôt de stries longitudinales régulières, granuleuses, mais beaucoup plus visibles d'un côté du radiole que de l'autre. Collerette finement striée et assez longue, les épines ne commençant guère qu'à un centimètre au-dessus du bouton. Bouton très-saillant, facette articulaire crénelée.

Avec ces curieux radioles, on trouve des fragments de test

des plaques coronales, des portions d'ambulacres, qui très-probablement appartenaient à la même espèce. Ces fragments rentrent dans le genre *Rhabdocidaris*, les pores étant conjugués et les ambulacres assez larges. Le test de ces Oursins devait être de grande taille. Les tubercules sont saillants, crénelés et perforés, très-rapprochés les uns des autres. Les scrobicules sont profonds et elliptiques, entourés d'un cercle de granules incomplet à cause du rapprochement des tubercules.

Rapports et différences. — Nous ne connaissons aucune espèce de radioles qui ressemble à ceux que nous venons de décrire. Les grosses épines acérées qui bordent la tige leur donnent un aspect étrange qui les fait reconnaître facilement.

Localité. — Kheneg de Seklafa.

Nous devons communication de ces radioles à M. Durand, chef du bureau arabe de Laghouat, à qui nous nous faisons un plaisir de dédier l'espèce.

Le *R. Durandi* nous a été envoyé comme appartenant à l'étage néocomien; mais nous conservons quelques doutes à cet égard. La forme si bizarre de ces radioles semble avoir bien plus d'affinité avec les espèces jurassiques qu'avec les espèces crétacées.

Collections Durand, Gauthier.

Rhabdocidaris sp...?

Nous rapportons au genre *Rhabdocidaris* un fragment très-incomplet de gros radiole recueilli dans le terrain néocomien d'Algérie. La tige est épaisse, allongée, et la section donne un ovale comprimé d'un côté. Le corps du radiole est orné de verrues ou granules irréguliers, très-serrés, formant des séries linéaires sans régularité, interrompues. L'aspect est chagriné.

Ce fragment n'est pas sans analogie avec le radiole que M. Cotteau a désigné sous le nom de *R. Jauberti* (1), et qui provient du néocomien de Cheiron (Basses-Alpes); mais notre radiole est trop incomplet pour que nous puissions rien préciser à cet égard.

(1) *Paléontol. franç.*, *Terrain crétacé*, t. VII, p. 349, pl. 1081, fig. 8-12.

Localité. — Rive gauche de l'oued Anouel, au sud du village arabe d'Anouel, département de Constantine.

Étage néocomien moyen.

Collection Peron.

Acrosalenia Patella (Agassiz), Desor, 1840.

Forme pentagonale, déprimée en dessus, presque plate en dessous. Appareil apical peu étendu ; plaques génitales pentagonales, allongées. La plaque impaire, rejetée en arrière par l'excentricité du périprocte, pénètre profondément dans l'interambulacre postérieur. Les plaques suranales ne sont pas toutes conservées dans notre exemplaire, ce qui fait paraître le périprocte plus grand.

Aires ambulacraires renflées, étroites, garnies de deux rangées externes de très-petits tubercules crénelés et perforés, au nombre de vingt-sept par série. Aires interambulacraires très-larges et déprimées au milieu, portant deux rangées de tubercules peu développés près du péristome, gros et profondément scrobiculés à l'ambitus et à la face supérieure. Ils diminuent brusquement de volume à l'approche du sommet, et la série se termine par trois ou quatre granules écartés et très-visibles. Deux rangées de tubercules secondaires irréguliers se voient de chaque côté de l'interambulacre, à la face inférieure.

Remarques. — L'*Acrosalenia Patella* a été rencontré en France et en Suisse. Son horizon le plus ordinaire est l'étage valengien, où il est assez abondant. On le trouve aussi dans le néocomien moyen, et, très-rarement, dans l'urgonien inférieur de Sainte-Croix.

Localité. — Rive gauche de l'oued Anouel, au sud du village arabe d'Anouel. Exemplaire unique.

Étage néocomien moyen.

Collection Peron.

ACROSALENIA MIRANDA, Gauthier, 1875.

Fig. 109 et 110.

Nous désignons par ce nom un *Acrosalenia* presque complétement identique avec l'*Acrosal. angularis*, Desor (*Acrosal. decorata*, Wright).

Malheureusement nous n'en connaissons qu'un exemplaire; il suffit cependant pour que nous puissions préciser les caractères les plus importants de l'espèce. La face inférieure est complétement empâtée.

Appareil apical grand; quatre plaques génitales seulement sont visibles. Elles sont, comme dans l'*Acrosal. angularis*, pentagonales, l'angle externe pénétrant assez profondément dans l'interambulacre, perforées à peu de distance du bord, couvertes de granules. Le corps madréporiforme, quoique de petite dimension, est saillant et bien marqué. Nous ne pouvons voir également que quatre plaques ocellaires; elles sont triangulaires, peu développées, intercalées dans les angles des plaques génitales. Une grande plaque suranale, pentagonale, occupe le centre de l'appareil; trois autres plus petites s'y rattachent postérieurement. Le périprocte manque, et nous ne pouvons constater s'il est identique pour la forme à celui de l'*Acrosal. angularis*, comme tout le reste de l'appareil.

Aires ambulacraires étroites, renflées, bordées de deux rangées de granules bien distincts, perforés, de taille à peu près égale dans toute la série, mais s'effaçant un peu à l'approche du sommet. L'espace intermédiaire est couvert d'une granulation fine, serrée et abondante, formant deux ou trois rangées irrégulières, inégales. Pores superposés par simples paires.

Aires interambulacraires larges, portant deux rangées de gros tubercules crénelés et perforés, qui montent plus haut que l'ambitus et s'arrêtent brusquement avant d'arriver au sommet. Les deux ou trois plaques qui terminent l'aire ne portent plus qu'un tubercule atrophié, entouré d'une granulation très-fine et très-serrée. Zone miliaire large, très-granuleuse.

Rapports et différences. — C'est à peine si nous trouvons quelques caractères qui nous permettent de distinguer cette espèce de l'*Acrosal. angularis*. L'aire ambulacraire est un peu plus large à l'ambitus, ou du moins les gros granules qui bordent l'aire y sont moins développés, car il reste encore place pour trois ou quatre rangées de granules miliaires. Dans l'aire interambulacraire, le plus élevé des vrais tubercules est aussi le plus gros; mais il y a une assez grande différence de taille entre celui-ci et celui qui le précède immédiatement; l'accroissement est moins régulier que dans l'*Acrosal. angularis*. Peut-être les autres parties du test qui nous sont inconnues auraient-elles offert des différences plus tranchées. Dans le doute, nous avons cru devoir séparer les deux espèces : car, dans l'état actuel de la science, il n'existe encore aucune espèce d'Échinides qu'on trouve à la fois dans le terrain jurassique et dans le terrain crétacé.

L'*Acrosal. Patella* a une forme très-voisine; mais la disposition des plaques suranales est toute différente et ne permet pas de confondre les deux espèces (1).

Localité. — El Haouadjib, entre le djebel Rakoussa et le djebel M'Daouer, département d'Alger.

Étage néocomien supérieur ou peut-être urgonien inférieur.

Collection Durand.

Pseudocidaris clunifera (Agassiz), de Loriol, 1869.

Fig. 102-108.

Nous possédons plusieurs exemplaires du test, qui ne présentent aucune différence sensible avec ceux qu'on a recueillis

(1) Nous avons reçu, pendant l'impression de cette livraison, un nouvel exemplaire de l'*Acrosalenia miranda*. Il a été recueilli par M. Thomas au djebel Merguet. Le périprocte est visible. Les petites plaques suranales, dont trois seulement étaient conservées dans notre premier exemplaire, sont au moins au nombre de six, et il doit en manquer encore quelques-unes, car le périprocte est très-grand. Il descend jusqu'au premier gros tubercule, et la partie droite de la cassure, qu'on voit dans la figure 110, est bien le bord du périprocte; le côté gauche est seul ébréché. La cinquième plaque génitale manque dans notre exemplaire. Cette grande dimension du périprocte suffit pour distinguer l'*Acrosal. miranda* de l'*Acrosal. angularis*, et de tous ses congénères.

en Europe. Le périprocte est assez grand, entouré d'un appareil apical composé de cinq plaques génitales médiocrement développées et de cinq plaques ocellaires petites et intercalées dans les angles. Ambulacres étroits, sinueux, portant près du péristome deux rangées de semi-tubercules, qui diminuent de volume à mesure qu'ils s'éloignent de la bouche, et finissent par de simples granules assez saillants. L'espace intermédiaire est très-resserré et granuleux. Interambulacres larges, portant deux rangées de tubercules gros, crénelés, perforés, entourés d'un cercle distinct de granules. Ces gros tubercules sont espacés, au nombre de quatre par rangée. Les autres, plus près du sommet, diminuent considérablement de volume, et ne sont presque plus que de gros granules. Péristome assez large, à peine entaillé.

Les radioles sont abondants à Anouel, et représentent toutes les variétés connues. La forme la plus générale est ovoïde ; mais d'autres exemplaires sont plus allongés, fusiformes, étranglés au milieu, plus ou moins acuminés au sommet. La granulation, très-fine dans le voisinage de la collerette, devient plus grossière à mesure que l'on approche de l'autre extrémité. Bouton peu développé, surface articulaire crénelée.

Remarques. — Nous avons comparé les exemplaires d'Algérie avec d'autres provenant de l'étage urgonien de la Suisse ; nous n'y avons point vu de différence importante. Il est assez intéressant que cette espèce se rencontre en Algérie dans le néocomien. M. Cotteau a fait observer (1) que dans l'Yonne, le *Ps. clunifera* se trouve dans les couches à *Echinosp. cordiformis*, et surtout à la partie inférieure de l'étage, au milieu des Zoophytes, et disparaît même avant le grand développement des *Echinospatangus*. Dans le Jura et en Suisse, on ne trouve cette espèce que dans l'urgonien. Dès lors il semblait que le *Ps. clunifera*, spécial aux couches néocomiennes dans le bassin océanien, n'avait pénétré dans le bassin méditerranéen qu'à l'époque où se déposaient les couches urgoniennes. Il n'en est pas ainsi, puisque c'est dans le néocomien vrai que l'espèce abonde en Algérie. Elle

(1) *Paléont. franç., Terrain crétacé*, t. VII, p. 391.

vivait en même temps dans les deux mers, et l'on ne peut attribuer la différence de niveau qu'à des migrations partielles.

LOCALITÉS. — Djebel Lazereg (le test). — Teniet Courass, Foum-Anouel, djebel Bou-Thaleb, au sud de Sétif (les radioles). — Abondant.

Étage néocomien.

Collections Peron, Gauthier, Cotteau, Coquand, Le Mesle, Durand.

HEMICIDARIS MESLEI, Gauthier, 1875.

Fig. 111-116.

Diamètre....................	13 mill.
Hauteur.....................	7
Diamètre du péristome.........	5

Espèce de très-petite taille, déprimée, presque plane en dessous, ayant une apparence subpentagonale, par suite du renflement des aires ambulacraires.

Périprocte rond et grand, entouré d'un appareil apical également très-développé. Celui-ci se compose de cinq plaques génitales granuleuses, assez grandes, pénétrant sensiblement par un angle externe dans les aires interambulacraires, largement perforées au milieu. La plaque antérieure de droite porte le corps madréporiforme, qui est d'apparence spongieuse. Plaques ocellaires petites, intercalées dans les angles des plaques génitales.

Ambulacres étroits, zones porifères droites, légèrement déprimées; les pores sont petits, ronds et directement superposés par paires. Aires ambulacraires étroites, renflées, portant à partir du péristome une double rangée de six ou sept semi-tubercules régulièrement disposés, et qui sont remplacés, à la partie supérieure, par deux rangées de granules irrégulièrement disposés, et qui se perdent au milieu d'une granulation plus fine. Aires interambulacraires larges, portant deux rangées de tubercules qui grossissent à mesure qu'ils s'éloignent du péristome, et qui deviennent à l'ambitus relativement très-gros, crénelés, perforés, au nombre de trois ou quatre par rangée. Les scrobicules qui les entourent sont larges, très-accusés et bordés par un cercle de granules très-apparents. Bien avant d'arriver au sommet, les gros tubercules disparaissent et sont remplacés par des tubercules atrophiés, portés par des plaques très-granuleuses. Nous n'avons pas pu voir si le péristome était entaillé.

Rapports et différences. — L'exemplaire unique que nous venons de décrire est peut-être un individu jeune, et il peut se faire que l'espèce atteigne une taille plus considérable. L'*Hemicidaris Meslei* diffère, comme aspect, de tous les *Hemicidaris* connus. Il ressemble à certains *Acrosalenia*, et notamment à l'*A. Patella;* mais l'appareil apical, bien conservé, ne permet pas de ranger cette espèce parmi les Salénies.

Localité. — Djebel Lazereg, département d'Alger, avec le *Pseudocidaris clunifera*.

Étage néocomien.

Collection Gauthier.

Pseudodiadema Anouelense, Gauthier, 1875.

Fig. 117-121.

Diamètre	22 mill.
Hauteur	10
Diamètre du péristome	10

Forme circulaire, peu élevée, arrondie au pourtour. Face inférieure plate. Appareil apical pentagonal, grand, du moins à en juger par l'empreinte.

Zones porifères légèrement déprimées; pores simples sur toute la face supérieure, à peine dédoublés près du péristome. Aires ambulacraires saillantes, fortement élargies à l'ambitus, portant deux rangées de tubercules crénelés et perforés, gros au pourtour, s'amoindrissant beaucoup à mesure qu'ils se rapprochent du sommet, au nombre de dix ou onze par rangée.

Interambulacres un peu rétrécis à l'ambitus par suite de l'élargissement de l'aire ambulacraire, plus larges relativement à la partie supérieure, portant de neuf à dix tubercules semblables à ceux des ambulacres, et diminuant comme eux près du sommet. Granulation grossière, peu serrée, formant un cercle imparfait autour des principaux tubercules. Il n'y a point de tubercules secondaires.

Péristome large, fortement entaillé.

Rapports et différences. — Au premier aspect, cette espèce n'est pas sans analogie avec certains types du genre *Acrocidaris*, et notamment avec l'*Acrocid. minor*. Nous ne l'avons pas comprise dans ce genre d'abord, parce que nous ne connaissons pas l'appareil apical, puis parce que les ambulacres sont peu sinueux. Les tubercules sont moins fortement mamelonnés que dans l'*Acrocid. minor*, et sont plus rapprochés dans les interambulacres. Le *Pseudodiadema Anouelense* se rapproche du *Pseud. gemmeum* de Loriol, mais le péristome est plus grand, l'appareil apical plus étendu, les tubercules plus gros, la granulation beaucoup moins serrée. Il diffère du *Pseud. mamillanum* par sa face supérieure moins déprimée, ses tubercules plus gros à l'ambitus et moins nombreux, son appareil apical plus large.

Localité. — Sud d'Anouel, Teniet-Courass. — Rare.

Étage néocomien.

Collection Peron.

Orthopsis Repellini (A. Gras), Cotteau, 1864.

M. Peron a recueilli avec les autres fossiles néocomiens d'Anouel un exemplaire fort imparfait d'*Orthopsis*. Les quelques caractères qui sont visibles nous paraissent se rapporter à l'*Orthopsis Repellini* : les aires ambulacraires sont peu développées; les tubercules perforés, mais sans crénelures, sont de taille médiocre et forment deux rangées principales dans les aires interambulacraires et plusieurs rangées secondaires.

Remarque. — Cette espèce n'a encore été signalée en Europe que dans l'est de la France (Isère) et en Suisse. Elle appartient aux couches du néocomien inférieur, mais on la rencontre aussi à la base de l'urgonien. Il en est de même en Algérie, et nous aurons à signaler de nouveau cette espèce dans l'aptien inférieur.

Localité. — Sud d'Anouel, Teniet-Courass. — Rare.

Étage néocomien.

Collection Peron.

CODIOPSIS MESLEI, Gauthier, 1875.

Fig. 122-126.

Diamètre	24 mill
Hauteur	17
Diamètre du péristome	10

Forme circulaire, renflée au pourtour, hémisphérique à la partie supérieure, plate en dessous.

Appareil apical petit, mais peu visible dans notre unique exemplaire. Zones porifères légèrement déprimées, composées de pores superposés par simples paires, se multipliant près du péristome.

Aires ambulacraires relativement assez larges, égalant à l'ambitus 0,40 des aires interambulacraires. A la partie inférieure se trouvent deux rangées de cinq ou six tubercules peu développés, imperforés, faiblement mamelonnés. Le reste de l'aire est couvert de granules serrés, très-inégaux, irrégulièrement placés.

Aires interambulacraires portant également deux rangées obliques de tubercules qui ne dépassent pas la face inférieure. Il y en a six par rangée; le reste de l'aire est couvert, comme dans l'aire ambulacraire, d'une granulation serrée et très-irrégulière. Péristome peu développé, n'excédant pas 0,41 du diamètre total.

Rapports et différences. — Très-voisin du *Codiopsis Lorini*, Cotteau, le *Cod. Meslei* s'en distingue par son ambitus plus arrondi, par son profil s'infléchissant plus rapidement vers le sommet, par sa granulation plus inégale et plus serrée, et enfin par sa grande taille. Aucun des exemplaires du *Cod. Lorini* trouvés en Europe, même la variété de grande taille dont A. Gras avait fait le *Cod. alpina*, n'excède 20 millimètres de diamètre.

LOCALITÉ. — Teniet-Courass, au sud d'Anouel (djebel Bou-Thaleb). — Très-rare.

Étage néocomien.

Collection Peron.

Outre les espèces que nous venons de décrire, M. Coquand a cité, dans son ouvrage sur la province de Constantine (1), l'*Holaster intermedius* et un *Pygaulus tunisiensis*. Le premier paraît avoir été égaré, ou du moins n'existe plus dans la collection de M. Coquand, et il ne nous a pas été possible de vérifier l'exactitude de sa détermination. Nous avons comparé le second, qui est un *Pyrina* et non un *Pygaulus*, à d'autres exemplaires recueillis par M. Peron sur les confins de la Tunisie, à un horizon bien supérieur au néocomien, et nous avons cru devoir le réunir spécifiquement à ces autres échantillons. Ils seront plus tard décrits ensemble. M. Coquand, d'ailleurs, n'a pas recueilli lui-même cet exemplaire, et ne l'avait rapporté au terrain néocomien que par induction.

EXPLICATION DES FIGURES.

(Pl. 13 a 20.)

Fig. 1. *Metaporhinus convexus*, profil, de la collection Peron.

Fig. 2. Le même, vu en dessus.

Fig. 3. Autre exemplaire jeune, vu de profil, de la collection Gauthier.

Fig. 4. Le même, vu en dessous.

Fig. 5. Autre exemplaire, vu de profil, de la collection Peron.

Fig. 6. Le même, vu en dessus.

Fig. 7. Le même, vu en dessous.

Fig. 8. Le même, vu par la face postérieure.

Fig. 9. Exemplaire déprimé, vu de profil, de la collection Gauthier.

Fig. 10. Grand individu de la collection Peron.

Fig. 11. Appareil apical grossi.

Fig. 12. *Collyrites carinata* de grande taille, de la collection Peron.

Fig. 13. Le même, vu en dessus.

Fig. 14. Autre exemplaire, voisin du *C. Malbosi*, de la collection Peron.

Fig. 15. Le même, vu en dessus.

Fig. 16. Autre exemplaire de la collection Gauthier

Fig. 17. Le même, vu en dessous.

Fig. 18. Autre exemplaire, vu de profil, de la collection Peron.

Fig. 19. *Infraclypeus Thalebensis*, vu de profil, de la collection Peron.

(1) *Mém. de la Soc. d'émulat. de la Provence*, t. II, p. 282.

Fig. 20. Le même, vu en dessus.

Fig. 21. Le même, vu en dessous.

Fig. 22. Exemplaire jeune montrant l'appareil apical, de la collection Peron.

Fig. 23. *Holectypus afer*, vu de profil, de la collection Gauthier.

Fig. 24. Le même, vu en dessous.

Fig. 25. Appareil apical grossi.

Fig. 26. Autre exemplaire, vu de profil, de la collection Peron.

Fig. 27. Le même, vu en dessus.

Fig. 28. Le même, vu en dessous.

Fig. 29. Péristome et périprocte grossis.

Fig. 30. *Infraclypeus Thalebensis* de grandeur naturelle, de la collection Peron.

Fig. 31. Ambulacre de la face inférieure grossi.

Fig. 32, 33, 34. *Cidaris læviuscula*, de la collection Gauthier.

Fig. 35. Partie d'ambulacre et tubercule interambulacraire grossis.

Fig. 36. Radiole du *Rhabdocidaris janitoris*, de la collection Peron.

Fig. 37. Partie grossie.

Fig. 38, 39, 40. *Magnosia Meslei*, de la collection Gauthier.

Fig. 41. Ambulacre grossi.

Fig. 42. Interambulacre grossi.

Fig. 43. Appareil apical grossi.

Fig. 44. *Echinoconus Soubellensis*, vu de côté.

Fig. 45. Face supérieure.

Fig. 46. Face inférieure.

Fig. 47. Région anale.

Fig. 48. Péristome grossi.

Fig. 49, 50. Radiole du *Cidaris muricata*.

Fig. 51. *Pygurus eurypneustes*.

Fig. 52. Pores ambulacraires grossis.

Fig. 53. Plaque interambulacraire grossie.

Fig. 54. *Echinospatangus subcavatus*, vu de côté.

Fig. 55. Face supérieure.

Fig. 56. Face inférieure.

Fig. 57. Région anale.

Fig. 58. Appareil apical grossi.

Fig. 59. *Echinospatangus africanus*, vu de côté.

Fig. 60. Face supérieure.

Fig. 61. Face inférieure.

Fig. 62. Appareil apical grossi.

Fig. 63. *Bothriopygus Meslei*, vu de côté.
Fig. 64. Face supérieure.
Fig. 65. Face inférieure.
Fig. 66. Aire ambulacraire grossie.
Fig. 67. Individu de grande taille, vu sur la face supérieure.
Fig. 68. *Pygurus impar*, vu sur la face supérieure.
Fig. 69. Aire ambulacraire grossie.
Fig. 70. *Bothriopygus Trapeti*, vu sur la face supérieure.
Fig. 71. Région anale.
Fig. 72. Appareil apical grossi.
Fig. 73. Individu de grande taille, vu sur la face supérieure.
Fig. 74. *Echinobrissus humilis*, vu sur la face supérieure.
Fig. 75. Face inférieure.
Fig. 76. Région anale.
Fig. 77. *Echinobrissus Durandi*, vu sur la face supérieure.
Fig. 78. Face inférieure.
Fig. 79. Région anale.
Fig. 80. Individu jeune, vu sur la face supérieure.
Fig. 81. Face inférieure.
Fig. 82. Appareil apical grossi.
Fig. 83. Péristome grossi.
Fig. 84. *Echinobrissus Sebaensis*, vu sur la face supérieure.
Fig. 85. Région anale.
Fig. 86. Face inférieure.
Fig. 87. Individu plus jeune, vu sur la face supérieure.
Fig. 88. Autre variété.
Fig. 89. Aire ambulacraire antérieure grossie.
Fig. 90. *Holectypus macropygus*, vu de côté.
Fig. 91. Face supérieure.
Fig. 92. Individu jeune, vu sur la face inférieure.
Fig. 93. Radiole du *Cidaris Maresi*.
Fig. 94. Sommet du radiole.
Fig. 95. Portion grossie.
Fig. 96. Autre radiole.
Fig. 97. *Rhabdocidaris Durandi*.
Fig. 98. Pores ambulacraires grossis.
Fig. 99 et 100. Radioles du *Rhabdocidaris Durandi*.
Fig. 101. Fragment grossi.

Fig. 102. *Pseudocidaris clunifera*, vu de côté.

Fig. 103. Face supérieure.

Fig. 104, 105, 106, 107 et 108. Radioles du *Pseudocidaris clunifera*.

Fig. 109. *Acrosalenia miranda*.

Fig. 110. Le même, grossi.

Fig. 111. *Hemicidaris Meslei*, vu de côté.

Fig. 112. Face supérieure.

Fig. 113. Face inférieure.

Fig. 114. Aire ambulacraire grossie.

Fig. 115. Aire interambulacraire grossie.

Fig. 116. Appareil apical grossi.

Fig. 117. *Pseudodiadema Anouelense*, vu de côté.

Fig. 118. Face supérieure.

Fig. 119. Face inférieure.

Fig. 120. Aire ambulacraire grossie.

Fig. 121. Plaques interambulacraires grossies.

Fig. 122. *Codiopsis Meslei*, vu de côté.

Fig. 123. Face supérieure.

Fig. 124. Face inférieure.

Fig. 125. Sommet de l'aire ambulacraire grossi.

Fig. 126. Plaques interambulacraires grossies.

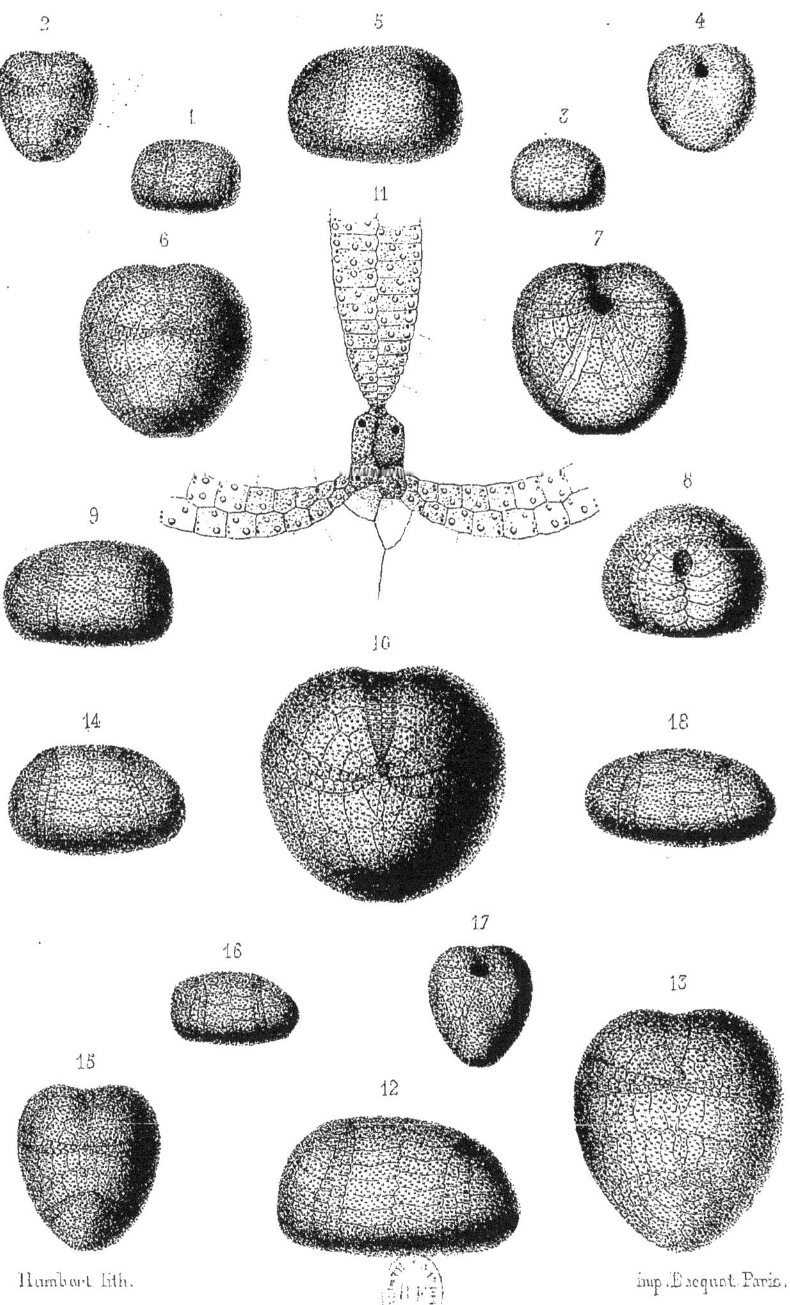

Humbert lith. Imp. Becquet. Paris.

Echinides du terrain tithonique d'Algérie.

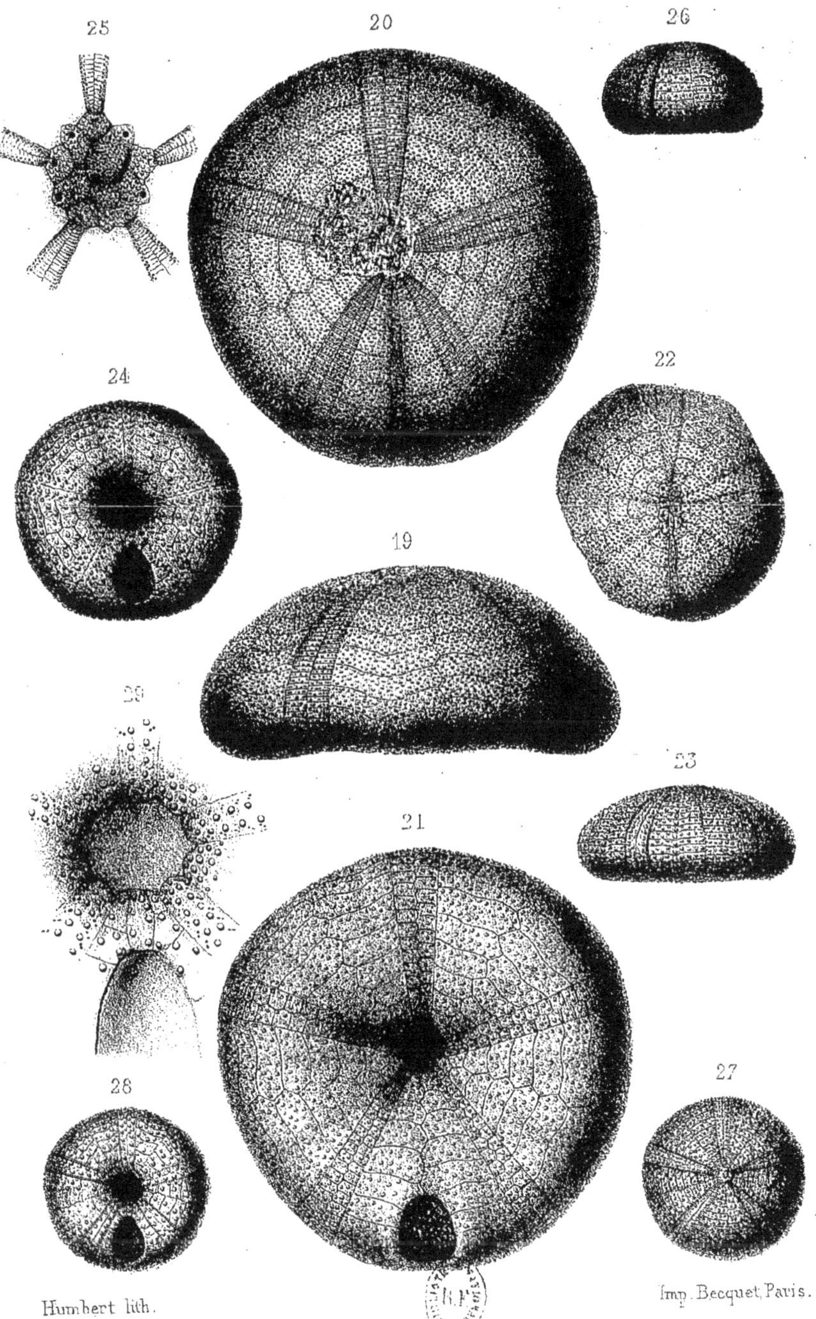

Humbert lith. Imp. Becquet, Paris.

Echinides du terrain tithonique d'Algérie.

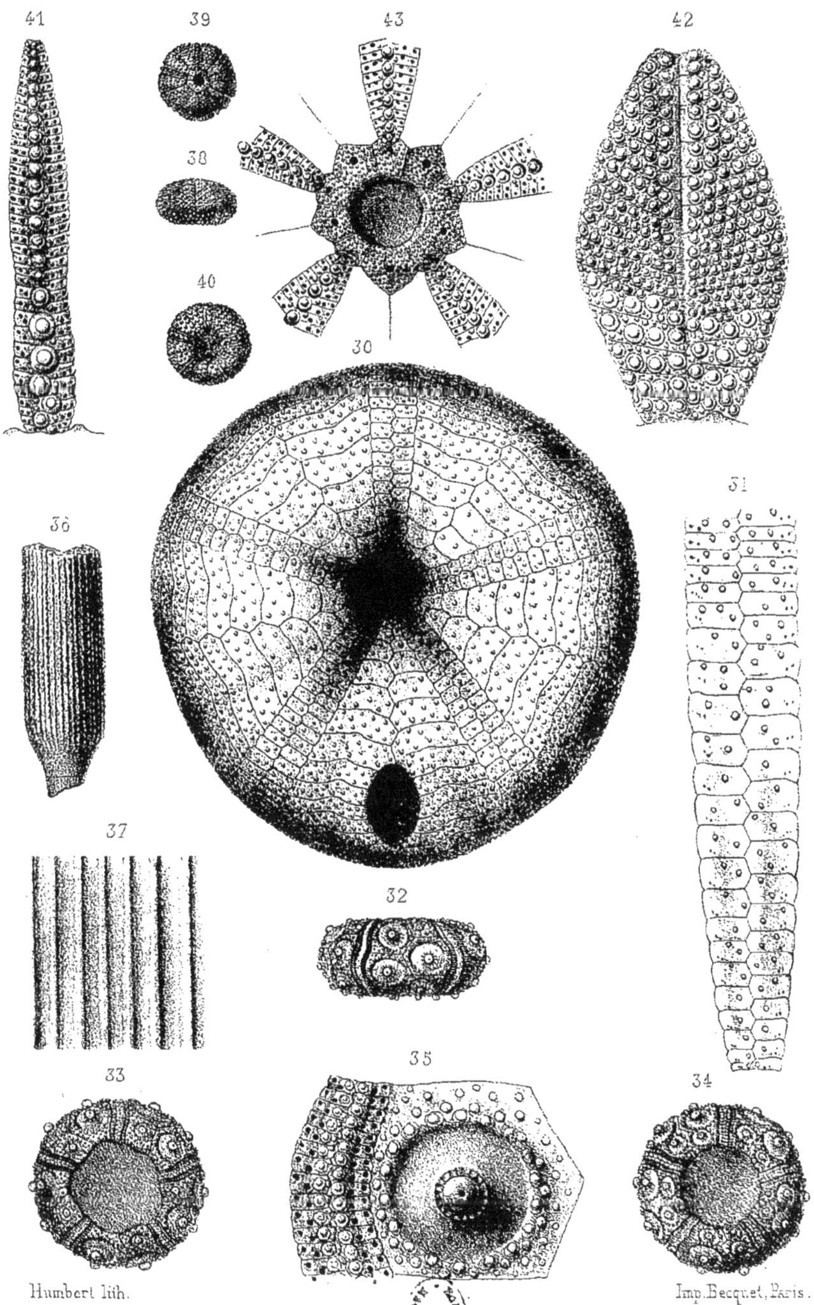

Humbert lith. Imp. Becquet, Paris.

Echinides du terrain tithonique d'Algérie.

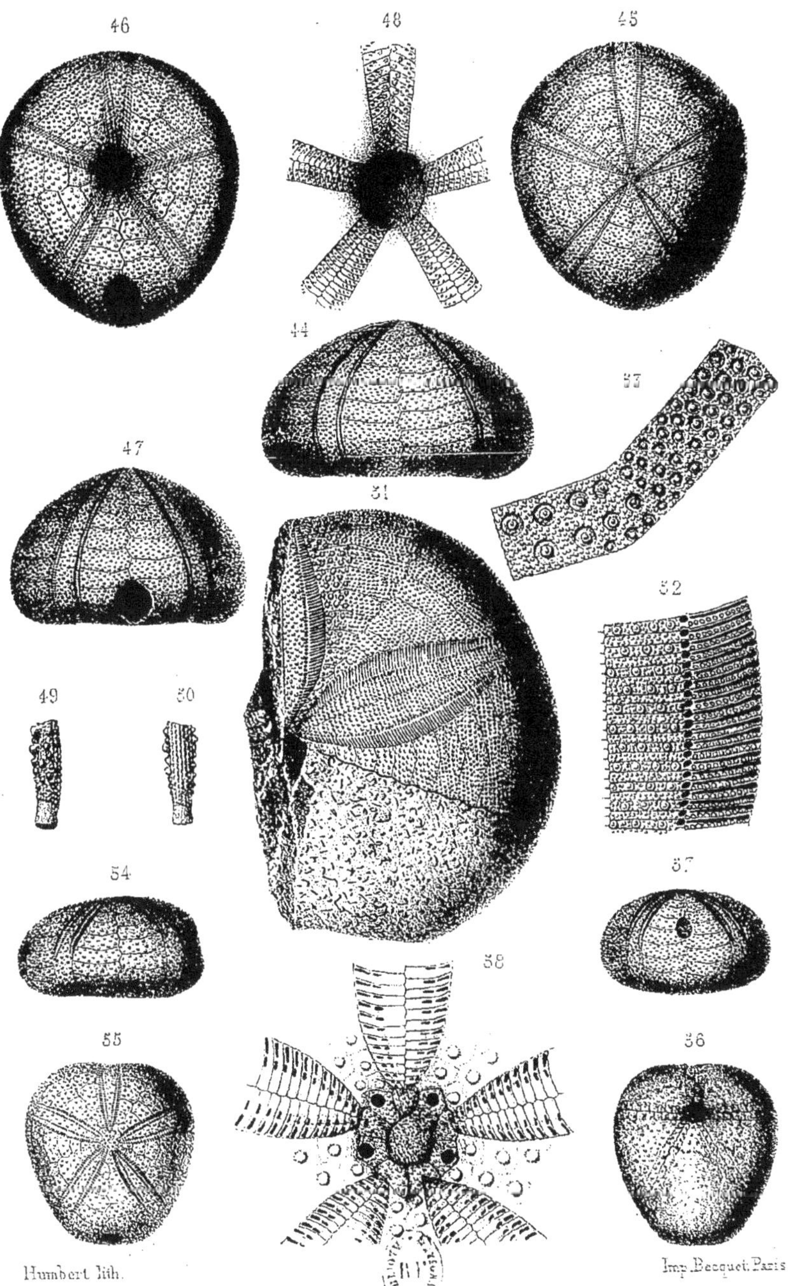

Echinides du terrain Crétacé d'Algérie.

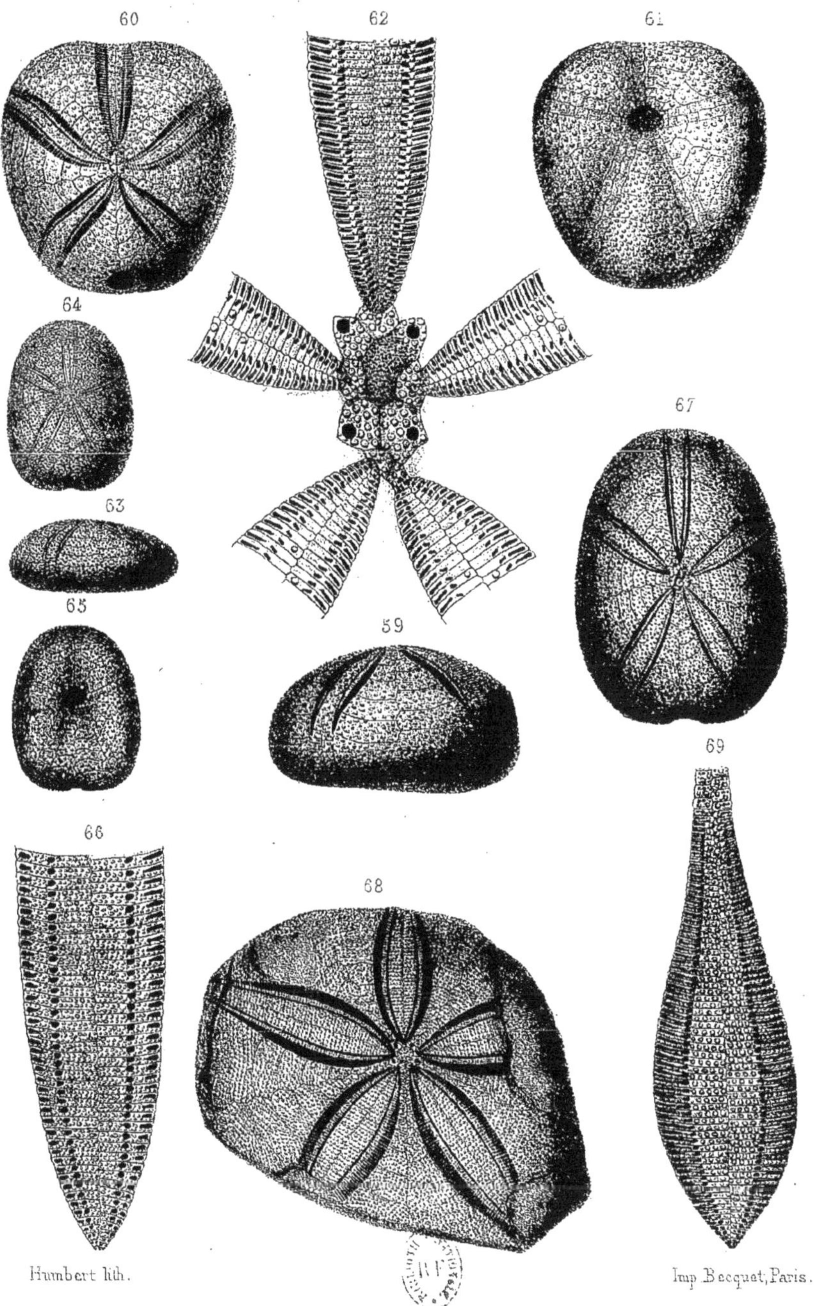

Humbert lith. Imp. Becquet, Paris.

Echinides du terrain Crétacé d'Algérie.

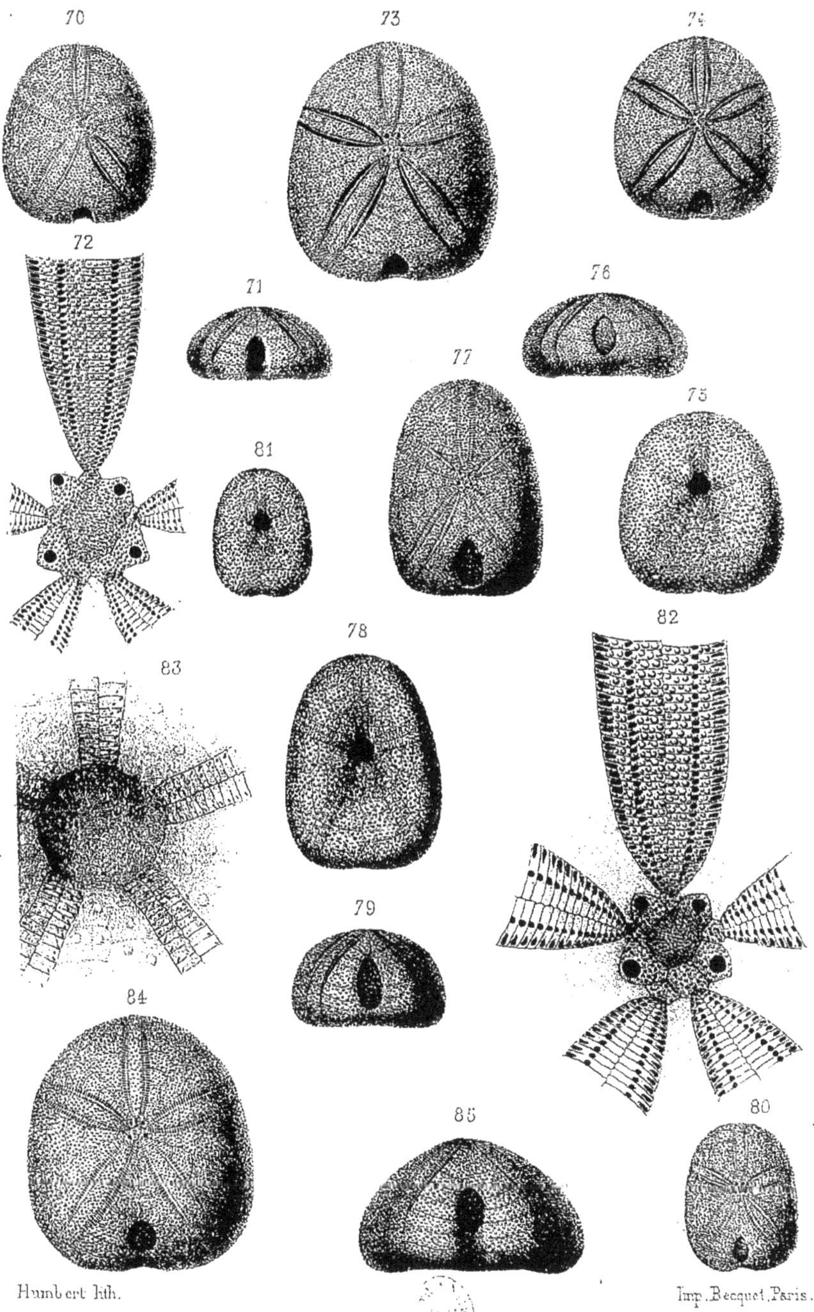

Humbert lith. Imp. Becquet, Paris.

Echinides du terrain Crétacé d'Algérie.

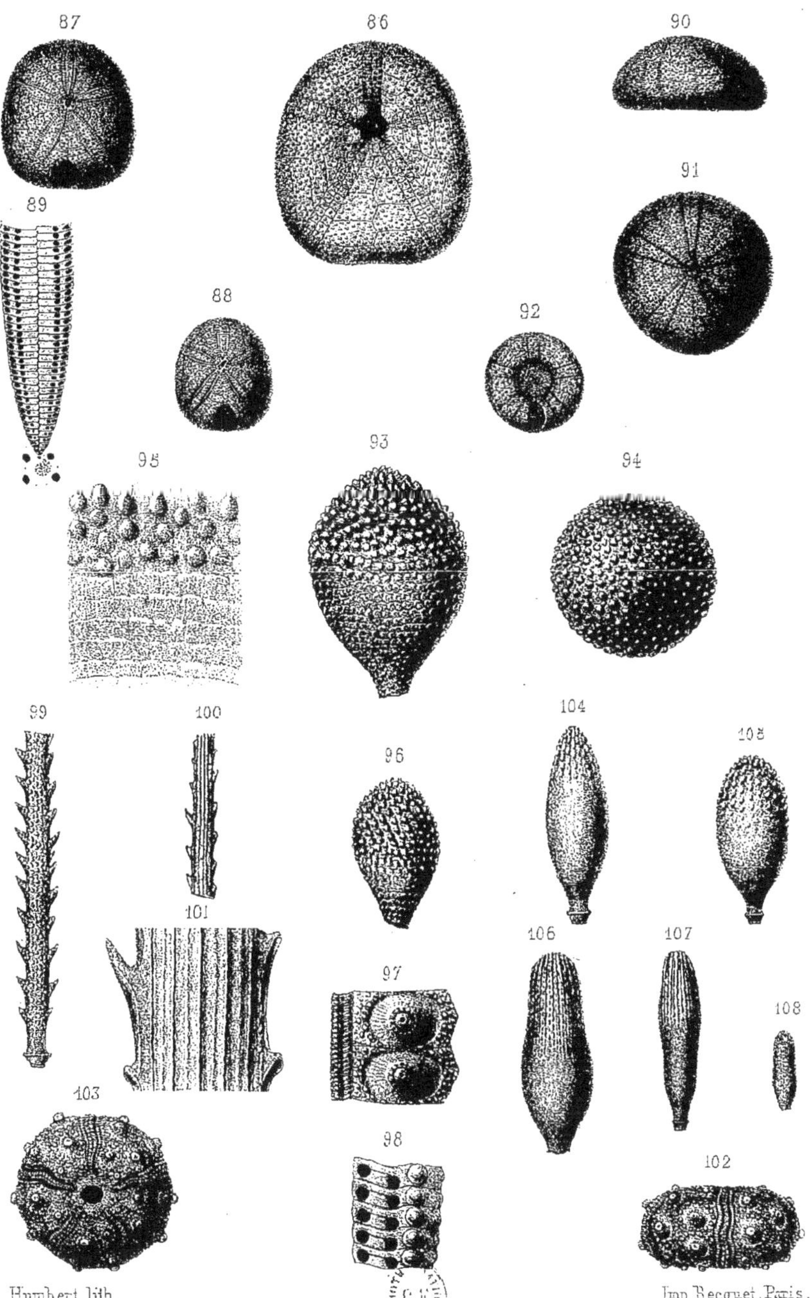

Humbert lith. Imp. Becquet. Paris.

Echinides du terrain Crétacé d'Algérie.

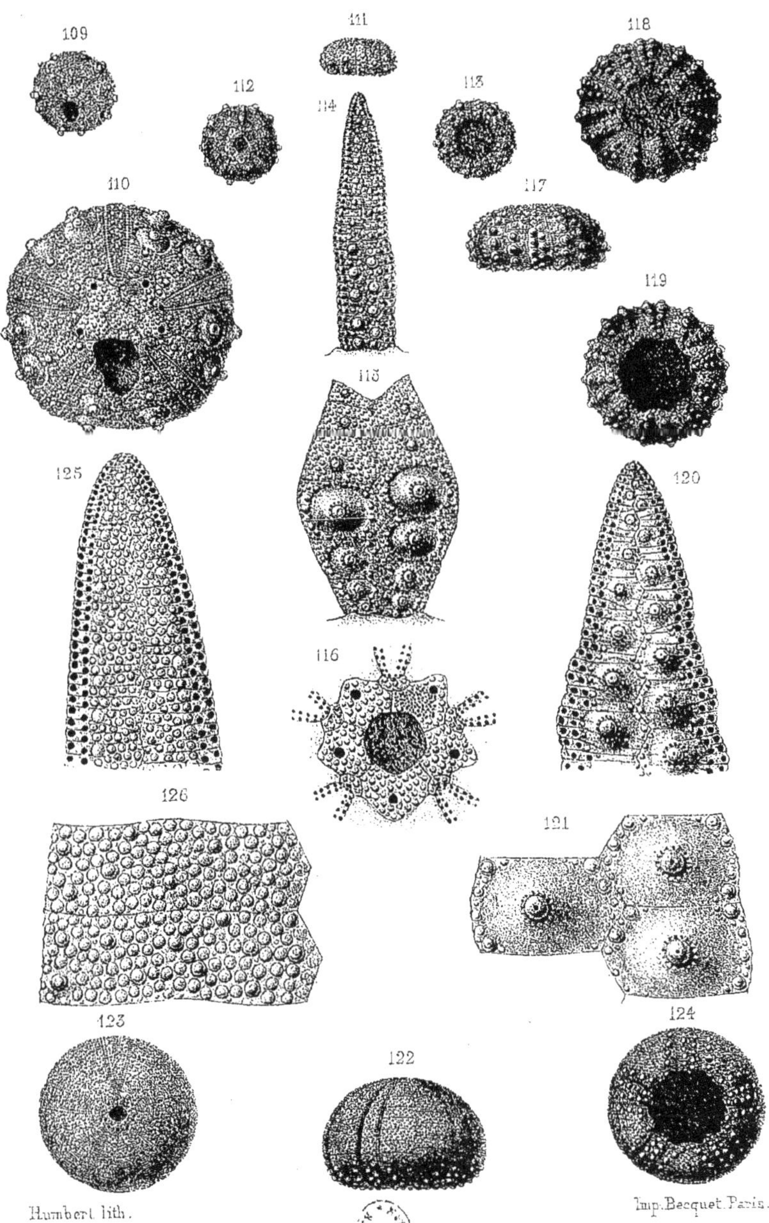

Humbert lith. Imp. Becquet. Paris.

Echinides du terrain Crétacé d'Algérie.

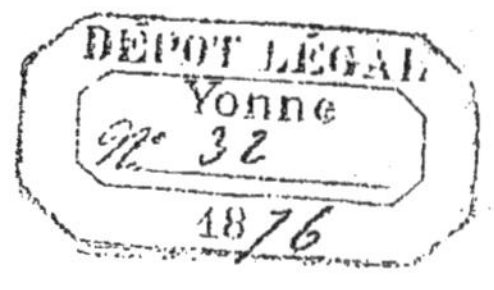

ÉCHINIDES FOSSILES DE L'ALGÉRIE

DESCRIPTION
DES ESPÈCES DÉJA RECUEILLIES DANS CE PAYS
ET CONSIDÉRATIONS SUR LEUR POSITION
STRATIGRAPHIQUE

PAR

MM. COTTEAU, PERON & GAUTHIER

TROISIÈME FASCICULE

ÉTAGES URGO-APTIEN ET ALBIEN

AVEC HUIT PLANCHES.

PARIS
G. MASSON, ÉDITEUR
LIBRAIRE DE L'ACADÉMIE DE MÉDECINE
Boulevard Saint-Germain, en face l'École de Médecine.

1876

ÉCHINIDES FOSSILES DE L'ALGÉRIE

DESCRIPTION

DES ESPÈCES DÉJA RECUEILLIES DANS CE PAYS

ET CONSIDÉRATIONS SUR LEUR POSITION STRATIGRAPHIQUE

PAR

MM. COTTEAU, PERON et GAUTHIER.

TROISIÈME FASCICULE

CHAPITRE PREMIER. — Étage urgo-aptien.

Nous avons montré, dans la précédente livraison, quelles étaient, en Algérie, les subdivisions qu'on peut remarquer dans l'étage néocomien, et nous avons expliqué pourquoi certaines couches supérieures nous paraissaient occuper la place des argiles ostréennes du bassin de Paris et du calcaire à *Scaphytes Yvanii* de Barrême. Nous allons maintenant examiner les couches régulièrement superposées à celles-là, et nous y trouverons un ensemble bien circonscrit, un groupe fossilifère bien constant dans tout le sud de l'Algérie, renfermant une faune propre et nettement caractérisée par un bon nombre d'espèces bien connues. Ce groupe représente en Algérie l'étage aptien, ou plutôt l'étage urgo-aptien, car nous y comprenons toutes les couches intermédiaires entre le néocomien proprement dit et l'étage albien d'Alcide d'Orbigny, couches parmi lesquelles nous n'avons pu distinguer l'urgonien de l'aptien.

D'après un certain nombre de géologues, et conformément à un principe de groupement d'étages par grandes formations, auquel M. Hébert, le savant professeur de la Sorbonne, a donné l'appui de sa grande autorité scientifique, il y aurait lieu de ne considérer l'étage aptien que comme une simple dépendance de la formation néocomienne, de même que l'urgonien, et de faire de ces deux horizons, celui-ci le sous-étage néocomien moyen, et le premier le sous-étage néocomien supérieur (1). Cette manière de voir, en effet, est justifiée par les affinités que présentent entre eux ces différents niveaux dans certaines localités, et nous avons pu nous-même constater la réalité de ce fait dans plusieurs gisements de l'aptien des Pyrénées, et, en particulier, à la montagne de la Clape, où, avec les espèces propres à ce niveau, on trouve un grand nombre d'espèces du calcaire néocomien à spatangues. Mais, quoiqu'il en soit de cette intéressante question de la division des terrains par grandes formations, elle ne parait pas encore susceptible d'apporter aucune simplification dans la nomenclature. Nous pensons donc qu'il y a lieu, pour longtemps encore, de conserver les divisions en étages et la classification générale de d'Orbigny, qui paraît être pour la France l'expression la plus réelle des faits. D'ailleurs, il est bien positif qu'en Algérie, le groupe stratigraphique qui va nous occuper forme un ensemble parfaitement distinct du néocomien proprement dit. Il est séparé de lui par de puissantes assises gréseuses ou poudinguiformes sans fossiles, n'a comme faune commune que quelques espèces rares et incertaines, et présente, en un mot, tous les caractères d'une division naturelle des mieux établies.

Ce groupe algérien possède par excellence ce facies particulier propre aux couches aptiennes de la Perte du Rhône et du Dauphiné, aux couches de Fondouille, près Marseille, de la montagne de la Clape, et d'autres localités des Corbières et des Pyrénées, et enfin aux couches de la province de Teruel et de nombreux points de l'Espagne. C'est de ce facies, en effet très distinct, que M. Renevier (2) a fait un étage particulier, sous le nom d'étage rhodanien, dont le type se trouve à Bellegarde, sur les bords du Rhône, au-dessus des grands calcaires à caprotines.

L'étage rhodanien constitue pour les géologues suisses l'aptien

(1) Hébert, *Le Terrain crétacé des Pyrénées* (Bull. Soc. géol. de France, t. XXIII, p. 560).

(2) Renevier, *Mém. géol. sur la Perte du Rhône*. Zurich, 1854.

inférieur; M. Hébert le place à la partie supérieure de l'urgonien, et M. Coquand, enfin, le considère comme l'équivalent de ces deux étages. D'après ce savant professeur (1), les étages aptien, urgonien et barrémien ne seraient que des facies particuliers d'un même étage, et l'étage rhodanien est pour lui l'étage aptien à facies méditerranéen. C'est à ce même ensemble de couches que nous appliquerons le nom d'étage *urgo-aptien*, que M. Leymerie, le premier, a employé pour désigner cette partie de son système du grès vert pyrénéen (2). Cette expression répondant bien à nos besoins et ayant l'avantage de ne pas introduire de dénomination nouvelle, nous pensons qu'il y a tout avantage à l'adopter.

Le terrain aptien supérieur proprement dit, c'est-à-dire les argiles à plicatules et à ammonites ferrugineuses de Gargas, de Vassy et de Gurgy, ne nous paraît pas nettement représenté en Algérie, au moins dans les parties qu'il nous a été donné d'explorer. Toutefois M. Coquand (3) a mentionné ce terrain dans les environs d'Aïn-Zaïrin et de l'Oued-Chenïour, dans la province de Constantine, et il a trouvé dans ces localités un certain nombre de fossiles, et notamment d'ammonites ferrugineuses, qui établiraient bien la correspondance de ces gisements avec les argiles aptiennes de Vaucluse.

D'autre part, M. H. Fournel (4) a recueilli dans la même région, c'est-à-dire dans le sud-est de Constantine, au défilé du Fedj-el-Drias, une ammonite qui a été rapportée par M. Bayle à l'*Ammonites consobrinus* d'Orb., et qui indiquerait la présence, sur ce point, de l'étage aptien. Cependant, nous pensons que ce fait a besoin de confirmation, car, dans des couches très voisines, le même savant explorateur a signalé l'*Inoceramus Brongniarti*, qui

(1) Coquand, *Modif. au clas. de la craie infér.* (Bull. Soc. géol., t. XXIII, p. 569 et suiv. 1866).

(2) *Mém. pour servir à la connaissance de la division infér. du terr. crét. pyrénéen* (Bull. Soc. géol. de France, t. XXVI, p. 277, voir p. 323. 1868).

(3) *Description géol. de la prov. de Constantine* (Mém. Soc. géol. de France, t. V, 1re partie, p. 87 et suiv. 1854).

(4) *Richesse minérale de l'Algérie*, p. 259. 1849.

décélerait, au contraire, la présence de la craie supérieure. Il doit en être de même en ce qui concerne un bel échantillon d'*Ancyloceras Matheroni*, qui existe au musée de Constantine, sans indication de provenance, et qu'on suppose cependant avoir été recueilli dans les environs de cette ville. L'incertitude qui règne sur ces diverses questions nous commande d'attendre de nouvelles études.

Il y a lieu également, à mon avis, de faire certaines réserves en ce qui concerne quelques gisements de terrain aptien signalés par M. Nicaise (1) dans la province d'Alger. Nous indiquerons ultérieurement les motifs de ces réserves et nous nous bornerons, pour le moment, à rappeler que l'aptien supérieur est, d'après ce géologue, représenté à Teniet-el-Haad par des couches à *Belemnites semicanaliculatus* et *Ostrea aquila ;* à Aïn-Lelou et à Berouaguiah par des couches semblables à *Ostrea aquila*. Le gisement de cette dernière localité n'est visible que dans un petit ravin, sur une longueur de 200 mètres à peine. A Sakkamoudi, sur la route d'Alger à Aumale, M. Nicaise signale l'aptien avec *Ammonites consobrinus*. Je n'ai pas été assez heureux pour retrouver ce fossile et cet horizon dans cette localité.

En ce qui concerne nos propres recherches, tous les gisements de l'époque aptienne que nous avons reconnus dans les hauts plateaux des départements d'Alger et de Constantine revêtent le facies rhodanien. Il paraît évidemment en être de même de plusieurs autres de l'ouest de nos possessions, que nous ne connaissons que par les communications qui nous ont été faites.

L'étage urgo-aptien, avec les caractères que nous venons d'indiquer, occupe de larges étendues dans le sud de l'Algérie. A l'est, il est abondamment répandu dans les montagnes de l'Aurès, et M. Coquand l'a reconnu sur plusieurs points de cette région (2). M. Fournel (3) a signalé les calcaires à orbitolines à Aïn-Iagout, dans le nord de Batna. Nous-même les avons reconnus sur un

(1) *Catal. des animaux fossiles de la prov. d'Alger*, p. 12 et 13. 1870.

(2) *Mém. Soc. d'émul. de la Prov.*, t. II, p. 33 et suiv. 1862.

(3) *Richesse minérale de l'Algérie*, p. 291.

long espace, au nord-ouest de cette dernière localité et dans presque toute la région montagneuse qui la sépare de Sétif.

Au sud de Sétif, le même étage se montre au Djebel-Youssef et autres collines secondaires, puis dans le grand massif du Djebel-Bou-Thaleb, où il forme des bandes redressées de chaque côté de la montagne. Les localités les plus intéressantes dans cette région sont : les environs de la maison forestière, au pied du Djebel-Afghan, El-Hamma, le Foum Bou-Thaleb, Aïn-Adoula, etc., etc.

Au sud du bassin du Hodna, l'étage urgo-aptien occupe les premiers plans des montagnes qui limitent le bassin au sud-ouest. On le voit surtout à Teniet-Nama, Aïn-Kermam, Eddis, Bou-Saada, etc., etc. Il forme, en outre, quelques petits mamelons qui font saillie dans la plaine même du Hodna, comme au caravansérail de Baniou, ce qui tendrait à prouver que les roches puissantes de cet étage occupent le sous-sol d'une bonne portion de ce bassin.

Plus au sud encore, on voit l'urgo-aptien à El-Medouar, à Aïn-Sultan, à Bouferdjoun, à Aïn-Rich, au Djebel-Zerga, et enfin sur les confins du Saharah, au Djebel-Bou-Kaïl, dont il forme la base.

Dans les départements d'Alger et d'Oran, l'étage qui nous occupe parait moins répandu. Toutefois nous en connaissons plusieurs gisements qui jalonnent les grandes zones parallèles au rivage méditerranéen, que dessinent tous les terrains en Algérie.

Dans la chaîne au nord des Chotts Zahrez, on le voit former la montagne à l'est du caravansérail de Guelt-es-Settel ; puis, au sud des Chotts, on le retrouve près du moulin de Djelfa, à Medjebara, au Djebel-Meilok, etc.

Auprès de Teniet-El-Haad l'étage urgo-aptien se présente avec les mêmes caractères et les mêmes fossiles qu'à Bou-Saada. Il en est encore de même à l'extrémité ouest de nos possessions, où les environs de Tlemcen ont fourni à M. Bleicher la série habituelle des fossiles rhodaniens.

Les localités qui nous ont fourni principalement les oursins que nous décrivons dans cette livraison, sont les environs d'Eddis et de Bou-Saada ; le Djebel-Youssef, Kenchela et les environs de la maison forestière du Bou-Thaleb.

Le terrain urgo-aptien est très développé à Bou-Saada.

Dans le village même, ses couches redressées supportent une grande partie des maisons arabes, et c'est sur la saillie que forment les couches calcaires dures à orbitolines qu'est construit le bordj militaire ou citadelle.

Dans notre livraison précédente, nous avons donné en détail la partie inférieure de la coupe de cette intéressante localité ; il nous suffira aujourd'hui de reprendre cette coupe au point où nous l'avons arrêtée, et de la continuer pour faire connaître le terrain aptien de toute la région qui, partout sur les nombreux points où nous l'avons reconnu, a sensiblement les mêmes allures et la même composition.

Nous avons dit précédemment qu'il paraissait convenable d'arrêter l'étage néocomien au-dessus des couches dont les plans très inclinés forment le lit de l'Oued-Bou-Saada, avant son entrée dans l'oasis. Les couches superposées immédiatement à celles-là se composent de masses assez puissantes de grès jaunes et rougeâtres, de marnes psammitiques multicolores fréquemment chargées de cristaux de gypse fibreux et sans aucun fossile. Dans ces conditions, la délimitation des étages est forcément arbitraire, et nous croyons bien faire de la baser sur le changement pétrographique.

Les couches de grès et de marnes bariolées, par lesquelles débute ainsi l'étage aptien, sont, à Bou-Saada, inclinées de plus de 50° vers l'ouest. Elles sont souvent recouvertes, et leurs dépressions sont nivelées par un dépôt superficiel horizontal parfois assez puissant de marnes, de sables, d'argiles à foulon et de terres gypseuses qui appartiennent au terrain Saharien. Ces dépôts, souvent ravinés, occupent une grande partie de la vallée qui s'étend au sud du village ; c'est sur eux qu'est établi le camp de Bou-Saada. Les grès aptiens sous-jacents sont parfois compactes et en masses assez puissantes, micacés, parfois friables, à éléments de grosseur variable, parfois durs, subcristallins, et ressemblant à des quartzites. C'est en partie à la désagrégation de ces grès et en partie à celle des grès semblables qui surmontent l'étage aptien, que sont dus ces amas de sables mouvants qui recouvrent la partie sud-ouest du Hodna et font de cette région, au nord de Bou-Saada, des steppes des plus désolées.

Ainsi que je l'ai dit, ces grès et marnes paraissent dépourvus de fossiles. Toutefois, sur l'autre versant du Djebel-Kerdada, à l'est de Bou-Saada, là où ces couches, plus saillantes et ravinées de gorges profondes, sont plus faciles à explorer, j'ai découvert quelques moules très frustes de bivalves et un gros *Strombus* à côtes larges et aplaties, qui me paraît se retrouver plus haut dans la série des couches, et qui peut servir, jusqu'à un certain point, de lien paléontologique entre elles.

Cette série arénacée, qu'on peut regarder comme un aptien inférieur, se termine par une masse de calcaire dur grisâtre, dont la tranche redressée forme, dans toute cette vallée, une longue arête que l'on connaît sous le nom de Dolat-Ioudi. C'est sur cette arête même qu'est construite la partie haute du bordj de Bou-Saada. Elle constitue un bon point de repère, et sa constance est remarquable dans toute cette région.

La série fossilifère commence immédiatement au-dessous de cette masse calcaire, et à Bou-Saada comme à Eddis, j'ai recueilli, à 5 ou 6 mètres au-dessous de l'arête, un grand nombre de fossiles, dont la presque totalité, comme les orbitolines, l'*Ostrea Boussingaulti*, l'*Heteraster oblongus*, etc., ont leur principal gisement au-dessus des calcaires. C'est à ce niveau seulement, toutefois, que j'ai rencontré l'*Echinobrissus Eddisensis*, espèce nouvelle assez commune à Eddis et plus rare à Bou-Saada, où l'assise qui la renferme est habituellement masquée par les éboulis ou le terrain saharien.

Les bancs de calcaire dur qui forment l'arête du Dolat-Ioudi, paraissent renfermer très peu de fossiles. Je n'y ai vu que des orbitolines assez rares, disseminées dans la pâte. Ils ont à peu près 7 ou 8 mètres de puissance ; leur inclinaison est d'environ 50°.

Immédiatement au-dessus se trouve un petit lit de marnes verdâtres peu épaisses, rarement visibles, dans lesquelles j'ai recueilli quelques fossiles, notamment à deux kilomètres à peu près du village, sur un point où ces marnes ont été mises à nu pour la traversée d'un canal de conduite des eaux de la fontaine publique. Les fossiles y sont assez nombreux, et avec l'*Heteraster oblongus*, le *Salenia prestensis* et quelques autres espèces, j'ai rencontré des radioles et plaquettes de *Cidaris Lardyi* que je n'ai pas retrouvés ailleurs.

Après cette petite assise marneuse vient un banc calcaire très riche en térébratules biplissées. Il y en a des variétés presque infinies, et la délimitation des espèces y est presque impossible en raison des types intermédiaires ou transitoires qu'on y observe. Les espèces qui paraissent être représentées, sont les *Terebratula sella*, *T. depressa*, Lamk, *T. Dutemplei* d'Orb., *T. biplicata* ? Broc., etc.

Au-dessus de ces bancs à térébratules viennent les marnes grises à orbitolines. Elles sont assez épaisses, peu argileuses, délitescentes. L'*Orbitolina lenticularis* se trouve là en quantité prodigieuse. On peut, comme à la Quintaine, dans l'Aude, la recueillir à l'état libre par poignées. Les fossiles sont abondants dans ces marnes. Ceux qu'on y rencontre habituellement, sont : la *Janira Morrisi* Pict., et une autre *Janira* de grande taille, le *Mytilus æqualis* d'Orb., des moules de Pholadomyes, de Trigonies, etc., un be u Spondyle d'espèce nouvelle, un grand Turbo voisin du *T. Tournali*, que M. Coquand a désigné sous le nom de *T. Augeraudi* (Not. inéd.), et de nombreuses espèces nouvelles ou indéterminées.

C'est là le gisement principal des oursins de cette zone. Nous avons pu y recueillir de très nombreux *Heteraster oblongus*, l'*Echinospatangus Collegnoi*, *Holectypus macropygus*, *Salenia prestensis*, *Pseudodiadema Malbosi*, *Pseudodiadema porosum*, *Codechinus rotundus*, *Orthopsis Repellini*, etc., etc. Ces fossiles sont en général, à Bou-Saada, d'une conservation assez médiocre. A Eddis, où les marnes sont plus argileuses et plus friables, ils sont en meilleur état.

Les couches à orbitolines sont bien visibles à l'ouest du bordj dans un petit ravin qui longe l'arête calcaire et descend jusqu'à la plaine. On les voit là, surmontées par un lit de marnes fissiles, où je n'ai rien rencontré, puis par une nouvelle assise de marnes à orbitolines moins riches en fossiles que les premières. Un banc calcaire et des marnes jaunâtres de 3 ou 4 mètres, pauvres en fossiles, surmontent ce système à orbitolines.

Au-dessus encore et toujours en superposition parfaitement régulière, viennent dans l'ordre suivant :

Un calcaire marneux blanchâtre et gris, avec *Ostrea Boussingaulti*, et nombreux débris d'huîtres ;

Des marnes verdâtres et jaunes et des calcaires jaunes sans fossiles, de 4 à 5 mètres ;

Des calcaires gris et des marnes semblables sans fossiles ;

Une couche marneuse riche en un *Ostrea* foliacé assez voisin de *O. Leymerii*, mais mal conservé. Cette couche est parfois remplie de *Serpula filiformis* ;

Des alternances de marnes très argileuses, vertes et jaunes, avec de petits bancs calcaires (7 à 8 mètres). On trouve là l'*Ostrea Boussingaulti*, une autre espèce inconnue et une Anomye assez abondante.

De petits bancs calcaires avec de nombreux moules de petits gastéropodes, *Turritella*, *Natica*, *Rostellaria*, etc. On y trouve encore l'*Ostrea Boussingaulti*.

C'est à ce niveau seulement que j'ai rencontré le *Pseudodiadema pastillus*, espèce nouvelle décrite dans cette livraison. La couche peu épaisse qui le renferme est assez souvent visible sur le talus ouest du ravin dont nous avons parlé, notamment vers un croisement de sentiers et près de la source. Ce ravin, qui, comme nous l'avons dit, suit l'arête calcaire et l'extrémité ouest du bordj, se prolonge entre le village et le cimetière, et présente de petits ravins latéraux secondaires qui permettent de suivre la série des couches.

On reconnaît là que les couches précédentes sont encore surmontées :

1° Par des marnes et calcaires dont un banc a un aspect bréchiforme assez prononcé. Un lit marneux m'a présenté des Anomyes.

2° Une lumachelle avec *Ostrea Boussingaulti* et serpules.

3° Plusieurs lits de marnes schisteuses avec bancs de calcaires durs, siliceux, un lit avec petites huitres et serpules.

4° Alternances de calcaires et marnes jaunes et vertes; les calcaires sont en bancs de 40 à 50 centimètres ; les marnes sont sablonneuses, psammitiques. Dans le haut on y voit des débris d'huitres.

Un peu au-dessus, une petite couche m'a présenté de nombreux petits bivalves à l'état de moule intérieur, *Nucula*, *Venus*, *Mytilus*, *Leda*, etc., etc.; le tout bien difficile à déterminer avec quelque précision. J'y ai remarqué aussi des fragments d'*Echinobrissus*.

Ce petit niveau fossilifère, qui paraît être le dernier de cette série aptienne, est surmonté par des marnes jaunes renfermant une grande quantité de petits cristaux de gypse. Celles-ci sont recouvertes elles-mêmes par des alternances de calcaires sablonneux avec des marnes vertes et jaunes, toujours très chargées de cristaux de gypse, qui deviennent très sableuses elles-mêmes dans la partie supérieure et passent aux psammites. Les calcaires sableux finissent par dominer et forment le haut du plateau à l'ouest du ravin de l'Abattoir; puis l'élément calcaire disparaît de plus en plus, et l'on passe insensiblement à un grès pur, blanc, souvent brun ou violacé dans les parties exposées à l'air.

Dans ma pensée, c'est à cette masse de grès qu'il convient d'arrêter l'étage aptien. Je n'y ai pas rencontré de fossiles dans cette région, mais j'expliquerai, en traitant de l'étage albien, les motifs qui me portent à rattacher ces grès à cet étage.

Pour nous, l'aptien supérieur, c'est-à-dire l'équivalent des argiles à *Plicatula placunea* et à *Ostrea aquila*, pourrait sans doute être représenté par ces quelques niveaux de petits fossiles, gastéropodes et bivalves, où domine l'*Ostrea Boussingaulti*, et que je viens de signaler au-dessus du niveau des couches à orbitolines.

Cependant, en l'absence de preuves paléontologiques, nous nous contentons d'indiquer ce rapprochement sans y insister.

Nous récapitulons dans la coupe figurative ci-dessous la série des couches urgo-aptiennes au village même de Bou-Saada.

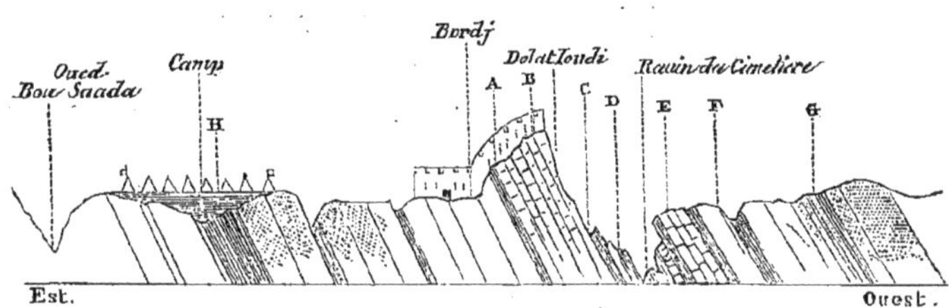

A. Marnes inférieures à *Echinobrissus Eddisensis*.
B. Calcaires durs à orbitolines.
C. Calcaires à térébratules.
D. Marnes à orbitolines, *Heteraster oblongus* et autres oursins.
E. Marnes à gastéropodes et *Pseudodiadema pastillus*.
F. Marnes à petits bivalves.
G. Marnes jaunes et grès en bancs.
H. Terrain saharien superficiel.

A dix kilomètres au nord de Bou-Saada, près des petits oasis d'Eddis, les calcaires urgo-aptiens forment en avant du Djebel-Butel, un petit ressaut que traverse le chemin de Bou-Saada à Aumale. Les calcaire durs à orbitolines occupent là, comme à Bou-Saada, l'arête saillante. Au-dessous se trouve la zone à *Echinobrissus Eddisensis*, riche aussi en *Heteraster oblongus*, en térébratules, bivalves, etc. Au-dessus se succèdent les marnes à orbitolines, et autres couches suivantes, riches en fossiles. Ces assises sont là bien étagées, bien étalées en échelons au pied du Djebel-Butel, et on peut y faire une ample moisson de fossiles, tout en observant bien la succession des couches. J'ai recueilli, avec de bons et très nombreux *Heteraster oblongus*, l'*Echinospatangus Collegnoi*, le *Pseudodiadema Malbosi*, le *Salenia prestensis*; puis quelques espèces non rencontrées ailleurs, comme le *Goniopygus peltatus*, l'*Orthopsis Repellini*, le *Codechinus rotundus*, etc. C'est un des meilleurs gisements de ce terrain que l'on puisse trouver.

Les couches aptiennes sont surmontées là, comme à Bou-Saada, par la masse puissante des grès albiens, qui forment un premier gradin de la montagne. Nous aurons occasion, en décrivant l'étage suivant, de parler de nouveau de cette intéressante localité.

Le Djebel-Youssef, à 20 kilomètres environ au sud de Sétif, m'a présenté encore un gisement de terrain urgo-aptien, où j'ai pu recueillir quelques oursins, et, en particulier, un *Heteraster* d'espèce nouvelle, spécial jusqu'ici à cette localité, l'*Heteraster subquadratus*, Gauthier. C'est une montagne aride, brusquement soulevée dans la plaine des Righa-Dahra, et dont les couches, très tourmentées et disloquées, sont difficiles à suivre dans leur succession.

La partie centrale et saillante est formée par une masse assez épaisse de dolomies noirâtres très analogues à celles que nous avons signalées dans l'étage néocomien de Bou-Saada et autres lieux. Les couches plongent au sud avec une inclinaison de près de 70°, mais, vers l'extrémité ouest de la montagne, elles s'infléchissent et paraissent former le dos d'âne.

En cet endroit, les dolomies sont surmontées par des alternances de grès, de marnes gréseuses, de calcaires noirâtres et de dolomies analogues à celles du néocomien supérieur du Bou-Thaleb. Dans l'une des couches supérieures, j'ai recueilli des *Terebratula prælonga*, des fragments d'*Ostrea* (*Ostrea rectangularis ?*) puis quelques gastéropodes et bivalves en mauvais état.

Un peu plus à l'est, et vraisemblablement au-dessus des couches précédentes, on voit dans de petits contreforts de la montagne, une série de couches gréseuses et de calcaires noirs, dans lesquelles j'ai remarqué deux niveaux d'*Orbitolina lenticularis*. Le premier dans des grès lumachelles rougeâtres, et le deuxième bien plus haut, dans des calcaires marneux noirâtres.

Au milieu de cette série se trouve une couche assez riche en *Heteraster oblongus* et autres fossiles assez mal conservés. Les couches supérieures contiennent de grosses huitres foliacées difficiles à extraire. (*O. Pantagrueli* Coq ?)

Cette série dont je parle est plaquée contre la masse centrale de la montagne, en position tout à fait anormale. Il y a là évidemment une dislocation et un déplacement des couches.

Quelques mamelons secondaires dans cette même plaine de Sétif sont encore dus à des affleurements des calcaires à orbitolines.

Si maintenant, laissant de côté les nombreux gisements de l'étage urgo-aptien, qui s'étendent dans le sud-est de Sétif, nous continuons notre marche vers le sud, nous atteignons, à 70 ou 80 kilomètres, le grand massif du Djebel Bou-Thaleb, où l'étage qui nous occupe est largement et richement représenté.

Notre collègue M. Brossard, dans son mémoire sur la géologie de la subdivision de Sétif (1), que j'ai déjà eu bien souvent l'occasion de citer, a indiqué la plupart des gisements aptiens de ces montagnes. Nous renverrons donc à ce mémoire de notre collègue pour tout ce qui concerne l'extension et la disposition générale de cet étage. Nous allons nous borner à entrer dans quelques détails relativement au gisement dit de la maison forestière, que nous regardons, ainsi que M. Brossard, comme l'un des plus intéressants à étudier, et sur lequel, d'ailleurs, nous serons obligés de revenir lors de la description de l'étage albien.

Déjà, dans notre livraison relative aux étages tithonique et néocomien, nous avons eu à citer cette localité. C'est qu'en effet la série des couches, depuis ces étages jusqu'au crétacé moyen, s'y montre bien complète et régulière. C'est sous ce rapport une localité des plus instructives. Nous avons vu que le plateau supérieur de la montagne à laquelle est adossée la maison des gardes forestiers, forme une prairie verdoyante au pied du grand escarpement du Saure-Afghan. Cette prairie, que les Arabes désignent sous le nom de Merdja de l'Afghan, est formée par les marnes néocomiennes, au-dessus desquelles s'étagent, inclinés vers le nord, les bancs de grès, de dolomies sombres et de marnes jaunâtres qui composent le néocomien supérieur. Ces assises puissantes, dont les bancs redressés forment des murailles qui rendent très difficile dans cette partie l'accès de la forêt de cèdres, sont dépourvues de fossiles. C'est seulement à la partie

(1) *Mém. de la Soc. géol. de France*, 2e série, t. VIII, mém. n° 2.

supérieure de la série, au-dessous précisément d'une puissante couche calcaire formant une muraille dénudée, que j'ai rencontré les premiers représentants de la faune aptienne. C'étaient l'*Heteraster oblongus*, l'*Ostrea Boussingaulti*, quelques petits bivalves et une lumachelle de débris d'huîtres.

Au-dessus de la grande muraille, on observe une série de bancs calcaires dont quelques-uns sont riches en grosses nérinées (*Nerinea Pauli* Coq. et plusieurs espèces nouvelles). Ces bancs renferment également de nombreux *Orbitolina lenticularis*, et quelques autres fossiles difficiles à extraire.

En descendant le ravin, on observe, un peu plus loin, des calcaires gris foncé, marmoréens, remplis de veines de chaux carbonatée spathique, à la surface desquels on voit, par endroits, de nombreux individus de *Caprotina Lonsdalei*. Les sinuosités des ravins et des sentiers ne permettent pas toujours de se rendre bien compte de la position exacte de ces calcaires, mais il me paraît évident qu'ils appartiennent à la partie supérieure de la série. Les caprotines y sont difficiles à extraire, et ce n'est qu'après beaucoup d'efforts que j'en ai obtenu quelques échantillons médiocres.

Toutefois, comme on peut, à la surface des couches ou des blocs détachés, observer en saillie de nombreux exemplaires qui montrent les différentes faces de la coquille, la détermination de ce rudiste peut être faite sur place d'une façon assez précise, et je me range complétement à l'avis de MM. Coquand et Brossard, qui l'ont depuis longtemps rapporté au *Caprotina Lonsdalei*.

Un fait m'a frappé dans la constatation du niveau de ce fossile. C'est que M. Brossard l'a indiqué aussi dans les grès inférieurs aux calcaires à orbitolines. Je n'ai pas eu occasion de vérifier ce fait intéressant. Peut-être pourrait-on là observer deux niveaux de ce rudiste comme il en a été observé sur d'autres points. En tous cas, la présence du *Caprotina Lonsdalei* dans les couches à orbitolines est déjà un fait considérable. Il y a quelques années, ce fait eût été considéré comme une anomalie, mais les études de M. Coquand sur l'aptien de l'Espagne, sur la montagne de la Clape, etc.; celles de MM. Leymerie, Magnan, etc., sur les Pyrénées ; celles de M. Lory, sur le Dauphiné, ont démontré qu'il n'y avait là rien que de très ordinaire et de très fréquent. Il faut voir dans ces couches à caprotines, non un niveau constant, un étage invariablement inférieur à l'aptien, mais un facies qui est revenu dans la série, quand les mêmes conditions biologiques se sont représentées.

Ce sont les faits de ce genre, actuellement bien constatés et admis par tous les géologues, qui nous ont déterminé à adopter la dénomination d'étage urgo-aptien, employée par M. Leymerie pour l'ensemble des couches urgoniennes, rhodaniennes et aptiennes.

Nous arrêtons à ce point, pour cette livraison, la coupe des ravins du versant nord du Djebel-Afghan. Nous montrerons dans la suivante pourquoi les calcaires à *Epiaster incisus* et autres fossiles, qui s'étendent auprès de la maison des gardes, doivent être placés dans l'étage albien et non dans l'étage aptien, comme l'a pensé notre collègue.

Ces quelques aperçus, que nous venons de donner, suffisent bien pour donner une idée de la composition du terrain urgo-aptien dans cette région. Les couches à *Caprotina Lonsdalei* ne se montrent pas partout. Nous avons vu qu'à Bou-Saada, à Eddis, etc., elles n'existent pas. Je pense qu'en général on ne les trouve que dans la zone montagneuse qui s'étend au nord des Chotts. C'est ainsi que je les ai reconnues à l'ouest de Batna, sur le versant ouest du Djebel-Chellatah, puis à l'est du Djebel-Sidi-Braho, au Djebel-Bou-Thaleb, et dans la province d'Alger, au nord des lacs Zahrez, dans la chaîne du Seba-Rous, près d'Aïn-Hammam. Les régions méridionales, au moins dans les gisements que j'ai pu explorer, paraissent posséder uniquement les couches à orbitolines, c'est-à-dire le facies rhodanien à l'exclusion du facies urgonien.

Indépendamment des gisements que nous venons de parcourir et où nous avons recueilli la plus grande partie des matériaux que nous décrivons dans cette livraison, il en est, comme nous l'avons dit, encore quelques autres qui nous ont également fourni des oursins. Ce sont ceux de Kenchela, de Teniet-el-Haad, de Tlemcen, etc. Nous ne connaissons ces gisements que par quelques renseignements, trop incomplets pour pouvoir en donner des détails suffisamment précis.

Celui de Kenchela, dans les montagnes de l'Aurès, au sud-est de Constantine, est intéressant et riche en fossiles. Les couches urgo-aptiennes forment la base et la partie inférieure d'une série de couches où nous retrouvons les divers horizons de la craie moyenne et supérieure. Elles sont composées de calcaires foncés, gris-bleuâtres, très tourmentés, et de calcaires dolomitiques bruns, où l'on trouve des filons de minerai de cuivre (1). C'est là qu'ont été recueillis, par M. Jullien, l'*Epiaster restrictus*, le *Cidaris Jullieni*, l'*Heteraster Tissoti*, le *Salenia prestensis*, le *Pseudodiadema Malbosi*, etc. M. Coquand avait depuis longtemps signalé dans cet endroit les *Chama ammonia* et *Lonsdalei*.

Peut-être faudrait-il voir, dans une portion de ces couches, les représentants de l'étage albien. Nous serions d'autant plus disposé à le croire, que, comme nous le dirons en parlant de l'étage suivant, c'est toujours dans le Gault que nous avons rencontré l'*Heteraster Tissoti*. Nous attendons, d'ailleurs, de M. Jullien, qui a bien voulu nous communiquer ces fossiles, des indications qui nous fixeront sans doute à cet égard. Nous aurons, dans les livraisons suivantes, l'occasion de revenir sur cette localité de Kenchela.

Les environs de Teniet-El-Haad ont été décrits sommairement par M. Nicaise, dans son catalogue des fossiles de la province d'Alger (2). Malheureusement la distinction des étages n'y est pas faite de manière à nous éclairer beaucoup sur celui qui nous occupe.

L'étage aptien inférieur est évidemment réuni, par M. Nicaise, à l'étage néocomien, et, dans les mêmes couches, nous voyons citer le *Belemnites latus* et l'*Heteraster oblongus*. D'un autre côté, le même géologue distingue un étage aptien, caractérisé principalement par l'*Ostrea aquila*, mais c'est dans cet étage qu'il

(1) Coquand, *Mém. Soc. d'Émul. de la Prov.*, p. 39.
(2) *Loc. cit.*, p. 11 et 12.

place également l'*Orbitolina lenticulata*, lequel se trouve ainsi complétement séparé de ses compagnons habituels. Nous pensons qu'il y a lieu à modifications dans cette division des couches, et nous sommes porté à croire, d'après les fossiles communiqués, que, dans cette localité, les couches urgo-aptiennes sont composées comme dans celles que nous avons parcourues.

DESCRIPTION DES ESPÈCES.

Echinospatangus Collegnoi, d'Orbigny, 1853.

Espèce subcordiforme, large, assez renflée, presque plate en dessous, légèrement échancrée en avant par le sillon de l'ambulacre impair, tronquée obliquement à la face postérieure. Le profil supérieur, élevé et arrondi en avant, est presque plat ensuite jusqu'à la troncature postérieure.

Appareil apical peu développé, carré, composé de quatre plaques génitales et de cinq plaques ocellaires. Les quatre plaques génitales, largement perforées, sont petites et en contact direct. Le corps madréporiforme, d'apparence spongieuse, occupe le centre et est rattaché à la plaque antérieure de droite. Les cinq plaques ocellaires, très petites, s'intercalent dans les angles, sans disjoindre les plaques génitales.

Ambulacre impair logé dans un sillon large et évasé, qui se continue du sommet à la bouche ; les pores sont inégaux, disposés en chevrons, les intérieurs petits, presque ronds, les extérieurs plus allongés.

Ambulacres pairs antérieurs larges, ouverts à l'extrémité, flexueux. Les zones des pores sont inégales, les antérieures plus étroites que les postérieures, et l'espace qui les sépare est plus large que la plus large des zones. Les pores sont allongés et rapprochés. Ambulacres postérieurs assez longs, moins cependant que les antérieurs, auxquels ils ressemblent pour la forme et la disposition des pores ; toutefois, les zones porifères sont égales en largeur. Les quatre ambulacres pairs sont logés dans un sillon peu creusé, dont la profondeur varie d'une manière assez sensible.

Péristome subpentagonal, presque à fleur du test, assez éloigné du bord antérieur. Périprocte de médiocre grandeur, ovale longitudinalement, au sommet de la troncature postérieure. Granulation homogène, plus grossière à la partie inférieure.

Remarque. — Comparés aux exemplaires recueillis en Europe, les individus d'Algérie en reproduisent toutes les variétés. Ceux qu'on trouve en France à La Clape (Aude) ont généralement les sillons ambulacraires moins creusés que ceux de Fondouille et de Gignac (Bouches-du-Rhône). Les deux variétés se rencontrent ensemble à Bou-Saada et à Eddis. Les individus jeunes ont proportionnellement une physionomie plus allongée que les adultes.

Localité. — Bou-Saada, Eddis, département d'Alger. Djebel-Youssef, au sud de Sétif.

Etage urgo-aptien.

Collection Peron.

Heteraster oblongus (de Luc), d'Orbigny, 1853.

Heteraster oblongus, Brossard, *Essai sur la constitution de la subdiv. de Sétif*, p. 114. 1867.

— — Nicaise, *Catal. des Anim. foss. de la prov. d'Alger* p. 43. 1870.

Espèce oblongue, subcordiforme, peu élevée, déclive en avant, plate ou légèrement convexe en-dessous, tronquée en arrière, échancrée en avant. Sommet ambulacraire excentrique en arrière, ordinairement au point le plus élevé.

Appareil apical petit, compacte, formé de quatre plaques génitales, dont l'antérieure de droite porte le corps madréporiforme. Les plaques ocellaires sont très petites.

Ambulacre impair logé dans un sillon évasé, se continuant sans interruption du sommet à la bouche. Zones porifères assez larges, mais beaucoup moins que l'espace qui les sépare. Pores internes petits, à peine allongés, assez serrés, tous sur la même ligne. Pores externes de deux sortes ; les uns longs et obliques, ce sont les plus nombreux ; les autres petits, sortant de l'alignement, et formant avec le pore interne une sorte de chevron. Généralement chaque paire irrégulière est séparée de la suivante par deux paires au pore externe allongé ; mais cette règle n'est pas fixe, et, parfois, les pores irréguliers alternent tout simplement avec les autres.

Ambulacres pairs antérieurs très longs et sinueux, ouverts à leur extrémité. Zones porifères légèrement déprimées, très inégales, les antérieures bien moins larges que les postérieures. Dans celles-ci, les pores externes sont allongés, les internes plus petits. Un espace lisse assez large sépare cette zone de l'antérieure, dont les pores sont serrés, petits et subarrondis.

Ambulacres postérieurs courts, ouverts à leur extrémité, sinueux, divergents. Les zones porifères sont analogues à celles des ambulacres antérieurs.

Péristome subcirculaire, non bilabié, assez près du bord antérieur. Périprocte ovale transversalement, placé plus ou moins haut, selon la forme de la troncature postérieure qui est inconstante. Dans certains exemplaires, elle est coupée assez carrément, mais oblique : le périprocte est alors assez haut ; dans d'autres, la partie postérieure s'abaisse davantage, la troncature est plus arrondie, et le périprocte paraît un peu plus bas.

La description que nous venons de donner est celle de la forme normale, qui abonde en Algérie. M. Peron a recueilli à Eddis une variété de taille généralement plus petite. La forme est plus renflée, le sillon antérieur est un peu plus étranglé, la face inférieure est toujours convexe, ce qui donne au péristome un aspect plus enfoncé ; il paraît même plus éloigné du bord antérieur. Ces exemplaires sont très nombreux, et nous nous sommes demandé longtemps si nous ne devions pas en faire une espèce à part. Il nous a semblé que certains individus plus déprimés reliaient ce type exceptionnel à la forme normale, et nous n'y voyons définitivement qu'une variété locale.

M. Ville nous a communiqué un exemplaire de très grande taille (55^{mm} de longueur) recueilli à Teniet-el-Haad. Il est très déprimé ; le dessous est complétement plat et la face postérieure très surbaissée. Il reproduit d'ailleurs tous les caractères spécifiques indiqués dans notre description. Cette conformité nous amène à faire une remarque : Nous devons à la générosité de

M. Coquand un exemplaire également de grande taille (50mm), recueilli par ce savant à Morella, près de Valence (Espagne). Sur cet exemplaire, l'irrégularité des pores de l'ambulacre impair se reproduit en partie dans la zone la plus étroite des ambulacres pairs antérieurs. Nous avions cru longtemps que cette particularité, qui n'a jamais été signalée, devait se reproduire sur tous les individus de très grande taille. Il n'en est rien, puisque les pores sont parfaitement réguliers dans l'oursin que nous a communiqué M. Ville, bien qu'il soit de taille encore plus considérable.

Localité. — Djebel-Youssef (24 kil. sud de Sétif); Djebel-Afghan, au sud de la maison forestière du Bou-Thaleb ; environs de Batna ; Banjou dans le Hodna; département de Constantine. — Bou-Saada, Eddis, El-Médouar, Bou-Ferdjoun, Djebel-bou-Khaïl, Teniet-el-Haad, Djebel-Rilès, moulin de Djelfa, Medjebara ; département d'Alger.

L'horizon auquel appartient l'*Heteraster oblongus* est le même en Algérie qu'en France et en Suisse : on le rencontre dans les couches de l'urgonien supérieur et de l'aptien inférieur. Les calcaires urgoniens de Provence en renferment de rares exemplaires.

Collections Peron, Cotteau, Gauthier, Coquand, Le Mesle, service des mines à Alger.

Heteraster Tissoti, Coquand, 1862.

Heteraster Tissoti, Coquand, *Mém. de la Société d'émulation de la Provence* t. II, p. 250, pl. XXIV, fig. 7-9. 1862.

Espèce oblongue, subcordiforme, médiocrement renflée à la face supérieure, plate en-dessous, sauf un léger renflement du plastron postérieur, fortement échancrée en avant par le sillon ambulacraire, rétrécie et tronquée en arrière. Sommet excentrique en arrière.

Appareil apical petit, compacte, composé de quatre plaques génitales en contact, et de cinq plaques ocellaires très peu développées.

Ambulacre impair logé dans un sillon assez profond, qui s'élargit à mesure qu'il s'éloigne du sommet, puis se resserre au pourtour, et se continue jusqu'à la bouche. Zones porifères longues, formées de pores de deux sortes : le pore interne est toujours petit ; mais le pore externe est tantôt très allongé, tantôt semblable au pore interne. Dans ce dernier cas, les deux pores sont très rapprochés, et le pore interne n'est pas à l'alignement, mais rentrant.

Ambulacres pairs antérieurs dans une légère dépression, larges, longs et assez ouverts à l'extrémité. Les zones porifères sont très inégales ; les postérieures très larges, formées d'un pore interne petit et d'un pore externe très allongé ; les antérieures très étroites, et composées de pores très rapprochés, égaux et presque ronds. L'espace qui sépare les deux zones est moins déprimé et plus étroit que la zone postérieure.

Ambulacres postérieurs beaucoup moins longs, pétaloïdes, fermés à leur extrémité. Les zones de pores sont encore inégales, mais la différence n'est pas considérable. L'espace intermédiaire est occupé en partie par des tubercules épars.

Péristome presque rond, dans une dépression médiocre, assez éloigné du bord. Périprocte ovale transversalement, au sommet de la troncature postérieure. Tubercules assez nombreux, répandus uniformément sur toute la surface du test.

Rapports et différences. — L'*Heteraster Tissoti* est voisin de l'*Het. oblongus*. La forme est à peu près la même ; mais il en diffère par le sillon de l'ambulacre impair plus large à la partie supérieure, plus étranglé à l'ambitus, par la position rentrante des petites paires de pores dans cet ambulacre, par le péristome plus éloigné du bord, par la partie postérieure plus rétrécie, et surtout par la forme des ambulacres postérieurs qui sont pétaloïdes et fermés, tandis qu'ils sont très ouverts dans l'*Het. oblongus*.

LOCALITÉ. — Bou-Arif, Ain-Halmon, étage urgo-aptien. Le livre de M. Coquand (1) indique l'urgonien pour Bou-Arif, mais

(1) *Loc. cit.*

l'étiquette de sa collection porte : aptien. — Khenchela, étage urgo-aptien, selon M. Jullien (1). — Eddis, au-dessus des grès et argiles multicolores qui surmontent l'aptien à orbitolines. — Maison forestière du Bou-Thaleb, étage albien.

Collections Coquand, Peron, Cotteau, Jullien, Gauthier.

HETERASTER SUBQUADRATUS, Gauthier, 1876.

Pl. I, fig. 1-4.

Longueur.	35 millim.	Autre exemplaire. . . .	35 millim.
Largeur.	34	—	33
Hauteur	23	—	26

Espèce subcordiforme, assez renflée, large, à peine échancrée en avant, tronquée à la partie postérieure, convexe en-dessous.

Sommet excentrique en arrière. Appareil apical peu développé, composé de quatre plaques génitales en contact, et de cinq plaques ocellaires assez petites.

Ambulacre impair logé dans un sillon évasé et peu profond, échancrant à peine l'ambitus, visible, néanmoins, jusqu'à la bouche. Les pores sont disposés comme dans l'*Heteraster Tissoti*, c'est-à-dire que les paires à pore externe non allongé sont rentrantes, et ne sont en alignement ni avec les pores internes, ni avec les pores externes.

Ambulacres pairs antérieurs dans une légère dépression du test. Les zones porifères sont inégales, la postérieure étant plus large ; mais les pores de cette dernière sont égaux, médiocrement allongés. Les pores de la zone antérieure sont plus petits, et l'espace qui sépare les zones est égal à la plus large d'entre elles.

Ambulacres postérieurs assez courts, dans une légère dépres-

(1) Ce n'est pas sans hésitation que nous inscrivons l'*Het. Tissoti* parmi les fossiles de l'étage aptien. M. Peron, qui en a recueilli de nombreux exemplaires, les a toujours trouvés à un niveau supérieur à cet étage. Les couches de l'albien dans certaines localités, au Bou Thaleb, à Eddis, sont en relation intime avec celles de l'aptien, et la ligne de séparation est parfois difficile à saisir. Il se peut donc qu'il y ait eu confusion. Ce qui est incontestable, c'est que la faune qui accompagne l'*Het. Tissoti* à la Maison forestière appartient très nettement à l'albien.

sion, presque fermés et pétaliformes. Les zones porifères sont égales, et les pores semblables.

Péristome arrondi, éloigné du bord. Périprocte ovale longitudinalement, au sommet de la troncature postérieure.

Rapports et différences. — L'*Heteraster subquadratus* se distingue des *Het. oblongus* et *Tissoti* par sa forme moins allongée, plus large et plus élevée. Il est plus court que l'*Het. Couloni* qui affecte aussi une forme assez élevée, et il en diffère complètement par la disposition des pores ambulacraires. Les pores de l'ambulacre impair sont semblables à ceux de l'*Het. Tissoti*, mais les ambulacres pairs sont tout différents : dans les ambulacres antérieurs, les pores de la zone postérieure sont égaux, tandis qu'ils sont très disproportionnés dans l'*Het. Tissoti* ; et dans les ambulacres postérieurs, les zones sont complètement égales, ce qui n'a lieu dans aucune autre espèce du genre. Le périprocte est ovale longitudinalement, ce qui éloigne encore notre espèce de l'*Het. oblongus* et de l'*Het. Tissoti*.

Localité. — Djebel-Youssef (24 kil. sud de Sétif).

Etage urgo-aptien.

Collection Peron.

Explication des Figures. — Pl. I, fig. 1, *Het. subquadratus*, vu de côté ; fig. 2, face sup. ; fig. 3, face inf. ; fig. 4, sommet ambulacraire grossi.

Epiaster restrictus, Gauthier, 1876.

Pl. I, fig. 5-7.

Longueur.	35 millim.
Largeur.	31
Hauteur.	23

Espèce subcordiforme, médiocrement élargie en avant, fortement rétrécie en arrière où la troncature est très restreinte, assez renflée en-dessus, plate ou légèrement convexe en-dessous. Sommet ambulacraire excentrique en arrière.

Ambulacre impair dans un sillon large et peu profond, qui se continue du sommet à la bouche et échancre sensiblement l'ambitus ; les pores sont disposés en chevrons, mais peu développés.

Ambulacres pairs logés dans des sillons étroits et peu creusés, les antérieurs plus droits que les postérieurs. Ils sont assez ouverts à leur extrémité. Zones porifères droites, égales entre elles, et composées de pores allongés et égaux.

Péristome au quart antérieur, sans dépression sensible. Périprocte ovale, au sommet de la face postérieure, qui est verticale et étroite.

Rapports et différences. — Nous n'avons, pour décrire cette espèce nouvelle, que des matériaux à peine suffisants. De quatre exemplaires qui nous ont été communiqués, trois sont complétement déformés, et le quatrième n'est que médiocrement conservé. Nous n'avons pu rapporter ces exemplaires à aucune espèce connue. Celle dont ils se rapprochent le plus est l'*Epiaster incisus*, Coquand, que nous décrirons plus loin. L'*Epiaster restrictus* s'en distingue par les sillons des ambulacres pairs beaucoup moins profonds et moins larges, par le sillon antérieur moins creusé, par sa partie postérieure plus rétrécie et tronquée moins carrément.

Localité. — Nous devons communication de ces exemplaires à M. Jullien, qui nous a dit les avoir recueillis dans l'étage urgo-aptien de Khenchela, département de Constantine.

Collection Jullien.

Explication des Figures. — Pl. I, fig. 5, *Epiaster restrictus*, vu de côté ; fig. 6, face sup. ; fig. 7, face inf.

Echinobrissus Eddisensis, Gauthier, 1876.

Pl. I, fig. 8 et 9, et pl. II, fig. 1-5.

Longueur.	21 millim.	Autre exemplaire. . . .	16 millim.
Largeur.	20	—	15
Hauteur	9	—	8

Espèce subquadrangulaire, peu élevée, à peine rétrécie en avant, coupée carrément en arrière, creusée en-dessous. Le sommet ambulacraire est excentrique en avant ; c'est aussi le point culminant. De là le test s'abaisse vers l'avant et l'arrière avec une pente assez rapide; la partie postérieure est plus déprimée, la partie antérieure plus renflée.

Appareil apical peu développé. Les pores oviducaux sont portés par des plaques très petites, et sont, par conséquent, rapprochés entre eux. Le corps madréporiforme occupe le centre; il est relativement grand, et dépasse même en arrière les plaques génitales postérieures.

Ambulacres égaux, subpétaloïdes, un peu ouverts à l'extrémité. Zones porifères très étroites, composées de pores petits, conjugués, les externes un peu allongés.

Péristome excentrique en avant, assez grand, dans une dépression peu considérable; il est pentagonal, non oblique, et entouré d'un floscelle distinct, mais peu marqué. Périprocte ovale, au milieu de la déclivité postérieure, à peu près à égale distance du sommet et du bord, dans un sillon profond et évasé. Tubercules serrés, petits et homogènes, entourés de scrobicules bien marqués.

Rapports et différences. — Par sa physionomie déprimée, par la position du périprocte, la composition des ambulacres, l'*Echinobrissus Eddisensis* se rapproche de l'*Echin. subquadratus*, d'Orbigny; il en diffère par sa forme moins allongée, plus élargie en avant, par son sillon anal moins étendu, par sa taille constamment plus petite. Même en comparant des exemplaires de même grandeur, notre espèce est facile à distinguer par son aspect plus large et plus carré. L'*Echin. Roberti* et l'*Echin. placentula* ne sauraient lui être comparés à cause de leur forme beaucoup plus étroite et allongée.

Localité. — Eddis, Bou-Saada, un peu au-dessous des calcaires à orbitolines.

Collection Peron.

Explication des Figures. — Pl. I, fig. 8, *Echinobr. Eddisensis*, vu de côté ; fig. 9, face sup. — Pl. II, fig. 1, autre exempl. plus jeune, vu de côté ; fig. 2, face sup.; fig. 3, face inf.; fig. 4, sommet ambulacraire grossi ; fig. 5, péristome grossi.

PYGAULUS NUMIDICUS, Coquand (manuscrit).

PYGAULUS *numidus*, Brossard, *Essai sur la constitut. de la subdivision de Sétif*, p. 214, 1867.

Pl. II, fig. 6-8.

Longueur.	36 millim.
Largeur.	30
Hauteur.	13

Espèce ovale, déprimée, à bords arrondis, presque plate en dessus, assez fortement creusée en dessous autour du péristome, subtronquée en avant, légèrement rostrée en arrière.

Sommet un peu excentrique en avant. Ambulacres subpétaloïdes, ouverts à l'extrémité. L'ambulacre impair, bien que semblable aux autres, est composé de pores un peu plus petits. Dans les ambulacres impairs, les zones porifères sont étroites, inégales (la zone postérieure étant un peu plus large), et séparées par un intervalle assez grand. Pores petits, obliques dans les rangées internes, plus allongés dans les rangées externes. Ils se continuent au-delà de l'étoile ambulacraire, et sont visibles jusqu'à la bouche. Ils sont alors plus petits, plus écartés, et dévient de la ligne droite aux approches du péristome, où ils forment une fausse rosette.

Péristome oblique, assez grand, assez profondément enfoncé, excentrique en avant. Périprocte ovale, acuminé, inframarginal, placé sous la partie rostrée de la face postérieure.

Rapports et différences. — Le *Pygaulus numidicus* reproduit exactement tous les caractères génériques, mais il s'éloigne de ses congénères par sa forme très déprimée et à peu près plate en dessus. Il est moins allongé, plus large en avant que le *Pyg. Des Moulinsi*; le péristome est plus enfoncé. Aussi la physionomie de ces deux espèces est-elle complétement différente.

Bien que cité par M. Brossard, le *Pyg. numidicus* est encore inédit. Nous n'en connaissons qu'un exemplaire, médiocrement conservé. Il nous a été communiqué par M. Coquand, sous le nom que nous sommes heureux de lui conserver.

Localité. — Teniet M'Kaïa, près Sétif, recueilli pas M. Brossard.

Étage aptien.

Collection Coquand.

Explication des Figures. — Pl. II, fig. 6, *Pyg. numidicus*, vu de côté ; fig. 7, face sup. ; fig. 8, face inf.

Pyrina incisa, d'Orbigny, 1857.

Nous avons déjà cité cette espèce dans le néocomien moyen de Foum-Anouel (1). Depuis ce temps, M. Jullien nous a communiqué trois exemplaires recueillis dans l'urgo-aptien de Khenchela, et que nous rapportons à cette espèce. Ils sont de taille différente. Le plus grand est allongé, renflé, mais déprimé à la face supérieure, un peu plus large en avant qu'en arrière. Le dessous est plat, et le péristome à fleur du test. Cet exemplaire semble un peu plus allongé que le type ordinaire ; mais la différence est peu sensible, et les autres caractères de détail sont parfaitement conformes à la description connue de l'espèce : le périprocte est à la partie supérieure, grand et acuminé ; les ambulacres, formés de pores disposés par simples paires, sont légèrement renflés à la face supérieure, et les deux ambulacres postérieurs s'infléchissent un peu en dehors, en face du périprocte, et dévient de la ligne droite. L'exemplaire moyen est un peu plus large dans son ensemble, et ne nous paraît différer en rien des types européens. Le plus petit reproduit la forme allongée du premier, et conserve les mêmes caractères, sauf que le pourtour du péristome est plus déprimé.

M. de Loriol a figuré (2) plusieurs variétés de cette espèce, appartenant à des horizons différents. C'est de la figure 12 de la planche XIV, que nos exemplaires se rapprochent le plus ; et il est à remarquer que l'exemplaire suisse provient justement de l'urgonien de Sainte-Croix, c'est-à-dire du même horizon que les nôtres.

(1) Deuxième fascicule, p. 80 (*Annales de Géologie*, 1875).

(2) *Echinologie helvétique*, partie crétacée, p. 201, pl. XIV, fig. 11-16.

LOCALITÉ. — Khenchela, département de Constantine.
Étage urgo-aptien.
Collection Jullien.

HOLECTYPUS MACROPYGUS. Desor, 1840.

HOLECTYPUS SIMILIS, Brossard, *Essai sur la const. de la subdivision de Sétif*, p. 211. *Mém. de la Soc. géol.*, 2e série, t. VIII. 1867.

Nous avons déjà signalé cette espèce dans l'étage néocomien (1). Elle se retrouve en Algérie, comme en France et en Suisse, à un niveau supérieur. Les exemplaires recueillis dans l'aptien ne diffèrent en rien de ceux des assises inférieures ; c'est bien le même type spécifique, et ils ne peuvent que prouver de nouveau la grande extension verticale de cette espèce, qui apparaît dans le valangien, et ne s'éteint que dans les couches aptiennes.

LOCALITÉ. — Nous en possédons quatre exemplaires, recueillis par M. Peron, dans le ravin de Dolat-Ioudi, près de Bou-Saada. Étage aptien. Selon Nicaise, on trouve aussi cette espèce à Teniet-el-Haad, avec *Terebratula sella*. M. Bleicher l'a recueillie à Nédroma, département d'Oran, dans l'aptien. L'exemplaire cité par M. Brossard, sous le nom de *Hol. similis*, se trouve dans la collection Coquand : il est mal conservé et à peu près indéterminable.

HOLECTYPUS PORTENTOSUS, Coquand (manuscrit).

Pl. II, fig. 9-11.

Diamètre antero-postérieur. . . .	51 millim.
Diamètre transversal.	47
Hauteur.	23

Espèce de grande taille, subpentagonale, plus longue que large, conique en dessus, déprimée à la face inférieure, avec bord mince et presque tranchant.

Appareil apical petit, compacte, composé de cinq plaques géni-

(1) Deuxième fascicule (*Annales de Géologie*, 1875).

tales perforées, et de cinq plaques ocellaires très-petites, intercalées dans les angles des premières.

Ambulacres larges à l'ambitus. Zones porifères étroites, composées de pores très-serrés, superposés par simples paires. L'aire ambulacraire porte à l'ambitus huit rangées de tubercules, qui s'atténuent et disparaissent pour la plupart avant d'atteindre le sommet.

Aires interambulacraires assez larges, comptant à l'ambitus vingt rangées de tubercules semblables à ceux de l'ambulacre. Péristome invisible dans l'unique exemplaire qui nous a été communiqué. Périprocte visible en partie ; il paraît relativement médiocre et n'atteint pas le bord postérieur.

Rapports et différences. — Nous publions à part ce grand *Holectypus*, en lui laissant le nom qu'il porte dans la collection de M. Coquand. Nous ne croyons pas que ce soit un individu de grande taille de l'*Holect. macropygus*, car il est plus conique ; le bord est plus mince, le périprocte moins grand qu'il n'est ordinairement dans cette dernière espèce. L'*Holect. portentosus* a aussi une grande affinité avec une espèce algérienne, très-voisine de l'*Holect. Cenomanensis*, et qui sera décrite dans l'étage cénomanien. Nous l'aurions même réuni à cette espèce, si le périprocte ne nous avait paru plus petit et plus éloigné du bord dans notre échantillon.

Localité. — Djebel Bou Thaleb (Sétif).

Etage aptien inférieur, d'après M. Coquand.

Collection Coquand.

Explication des Figures. — Pl. II, fig. 9, *Holect. portentosus*, vu de côté ; fig. 10, face sup. ; fig. 11, face inf.

Cidaris Lardyi, Desor, 1855.

Nous rapportons au *Cidaris Lardyi* quelques fragments de radioles, tous incomplets, mais qui nous paraissent conformes aux exemplaires recueillis en Europe et attribués à cette espèce. Le corps est cylindrique, garni de granules serrés, formant des séries linéaires régulières, rapprochées, laissant entre elles un petit sillon, dont le fond paraît finement pointillé. Sur un de nos échantillons, fort imparfait d'ailleurs, quelques-uns des granules qui forment les côtes longitudinales sont plus saillants d'un côté du radiole, et ont l'apparence de petites épines, qui ne sortent pas de l'alignement. Cette variété a déjà été signalée dans la *Paléontologie française* (1). La collerette est médiocrement élevée, à peine rétrécie, couverte de stries longitudinales très fines, et limitée par une petite ligne circulaire, oblique, au-dessus de laquelle commencent les rangées de granules. Bouton peu développé. Nous n'avons pas pu nous assurer si la facette articulaire était crénelée.

Remarque. — L'horizon ordinaire du *Cid. Lardyi* est, en Europe, le néocomien, où on le rencontre dans les couches inférieures et supérieures de l'étage. On l'a recueilli également dans l'aptien le mieux caractérisé, et c'est à ce dernier niveau que M. Peron l'a trouvé en Algérie.

Localité. — Dolat-Ioudi, à 2 kilomètres au sud de Bou-Saada. Aptien à orbitolines.

Collection Peron.

Cidaris Jullieni, Gauthier, 1876.

Pl. III, fig. 1-9.

Diamètre.	30 millim.	Autre exemplaire. . . .	41 millim.
Hauteur.	23	—	33
Diam. du péristome. .	10	—	14

Espèce haute, circulaire, assez renflée au pourtour, un peu déprimée en-dessus et en-dessous.

Zones porifères étroites, déprimées, sinueuses. Les pores sont petits, ovales, très serrés, séparés par un renflement granuliforme. Aires ambulacraires étroites et sinueuses, portant de chaque côté une rangée de granules mamelonnés, serrés et réguliers. Entre ces deux rangées principales, se trouvent deux autres rangées de granules plus petits, régulièrement alignés, au milieu

(1) Tome VII (*Echinides crétacés*, p. 191).

desquels on aperçoit des verrues microscopiques et disséminées sans ordre apparent. Cette disposition appartient à notre exemplaire de 30 millimètres. Dans l'exemplaire plus grand les granules intermédiaires forment quatre rangées bien distinctes au lieu de deux, et le nombre des granules microscopiques et des verrues intercalées est bien plus considérable.

Tubercules interambulacraires perforés et non crénelés, saillants et bien développés, au nombre de six dans le premier exemplaire et de sept dans le second. Ils sont entourés de scrobicules ronds, assez profonds, et les cercles de granules qui bordent ces scrobicules touchent immédiatement le bord du scrobicule supérieur, même à l'ambitus. Le dernier tubercule du haut est seul plus éloigné, et le scrobicule qui l'entoure n'est que rudimentaire. Zone miliaire étroite, appréciable seulement dans notre grand exemplaire, presque nulle dans les autres.

Péristome subarrondi, plus grand que l'espace occupé par l'appareil apical. Ce dernier subpentagonal, d'après l'empreinte qu'il a laissée.

Avec le test que nous venons de décrire, M. Jullien a recueilli quelques fragments de radioles subfusiformes, allongés, assez épais, à collerette courte et presque nulle. Des lignes de petites épines plus ou moins mousses s'étendent parallèlement sur toute la tige. Entre ces rangées se trouve un sillon dont le fond est très finement strié longitudinalement. Dans ce sillon on distingue très souvent une rangée de granules très petits. Nous croyons que ces radioles peuvent appartenir au *Cid. Jullieni*, bien que nous n'ayons pas la preuve mathématique de ce rapprochement.

Rapports et différences. — Le *Cid. Jullieni* est voisin du *Cid. Lardyi*, dont il diffère par sa hauteur constamment plus considérable, par ses tubercules interambulacraires plus nombreux, par les granules de ses aires ambulacraires plus homogènes, plus multipliés dans les rangées intermédiaires, bien que l'aire qui les porte soit relativement moins large, par sa zone miliaire plus étroite, et portant des granules plus fins. Il se rapproche encore plus du *Cid. malum*. Il s'en écarte par sa forme plus élevée, par ses tubercules interambulacraires plus nombreux et plus rapprochés, par sa zone miliaire moins large. En prenant deux exemplaires du même diamètre (30 mm), l'aire ambulacraire du *Cid. malum* est plus large ; elle porte à l'ambitus six rangées de granules, dont les quatre intérieures plus ou moins régulières, tandis que le *Cid. Jullieni* ne porte que quatre rangées, dont les deux internes sont d'une régularité parfaite. Ce n'est que dans notre exemplaire de 41 mm de diamètre que nous trouvons six rangées de granules, et ces rangées sont plus régulières que dans le *Cid. malum*, et entremêlées d'un plus grand nombre de verrues microscopiques. Les deux espèces, quoique bien affines, ne nous paraissent pas pouvoir être confondues. L'aspect extérieur, comme nous l'avons déjà remarqué, est bien différent, plus rétréci et plus haut dans le *Cid. Jullieni*, plus large et plus bas dans le *Cid. malum*.

Les radioles que nous avons décrits sont voisins de forme et d'aspect des radioles du *Cid. Lardyi*. Les rangées saillantes sont plus écartées ; le sillon intermédiaire est strié longitudinalement au lieu d'être pointillé, et de plus, ce sillon renferme souvent une rangée secondaire de petits granules, ce que nous n'avons jamais remarqué sur aucun exemplaire du *Cid. Lardyi*.

Localité. — Khenchela, département de Constantine. Cinq exemplaires.

Collections Jullien, Cotteau.

Explication des Figures. — Pl. III, fig. 1, *Cid. Jullieni*, vu de côté ; fig. 2, face sup. ; fig. 3, face inf. ; fig 4, aire ambulacraire prise à l'ambitus, grossie ; fig. 5, autre exemplaire de grande taille, vu de côté ; fig. 6, zone miliaire grossie ; fig. 7, aire ambulacraire prise à l'ambitus, grossie ; fig. 8, radiole ; fig. 9, portion grossie.

Salenia Prestensis, Desor, 1856.

Salenia Prestensis, Brossard, *Essai sur la const. de la subdivision de Sétif*, p. 214, 1867.

Taille moyenne, forme circulaire, généralement assez renflée, un peu déprimée à la partie supérieure, plate ou arrondie en dessous.

Appareil apical médiocrement développé par rapport aux autres espèces du genre, composé de cinq plaques génitales assez grandes, pentagonales, perforées au milieu. La plaque suranale occupe le centre de l'appareil, et est échancrée par le périprocte qu'elle rejette obliquement à droite. Les cinq plaques ocellaires sont triangulaires et assez grandes. Les sutures des plaques sont marquées d'impressions assez nombreuses.

Aires ambulacraires très étroites, flexueuses. Zones porifères composées de pores très petits et très serrés. L'espace qui sépare les zones est renflé, et porte deux rangées de granules saillants, au nombre de vingt par rangée. Ces granules sont extrêmement rapprochés à la partie supérieure ; à la partie inférieure les deux rangées s'écartent un peu et laissent apercevoir entre elles des granules plus petits et irréguliers.

Aires interambulacraires assez larges, portant deux rangées de cinq à six tubercules crénelés, imperforés, largement scrobiculés. Les intervalles sont couverts de granules, dont quelques-uns plus gros forment un cercle autour des scrobicules.

Péristome visiblement entaillé, généralement à fleur du test.

Remarque. — Les exemplaires d'Algérie montrent une constance de forme et de détail qu'on ne trouve pas toujours dans ceux qu'on a recueillis en Europe. Les ambulacres restent constamment très étroits, et les impressions suturales de l'appareil apical n'ont pas cet aspect persillé qu'on rencontre quelquefois à La Presta. D'ailleurs, tous nos exemplaires ont à peu près la même taille, et nous ne pouvons nous assurer si les jeunes ne subiraient pas quelques variations.

Localité. — Bou-Saada, versant du Dolat-Ioudi, Khenchela ; environs de la maison forestière du Bou-Thaleb (d'après M. Coquand).

Étage urgo-aptien.

Collections Peron, Jullien, Coquand.

PSEUDODIADEMA MALBOSI (Agassiz), Cotteau, 1863.

PSEUDODIADEMA MALBOSI, Brossard, *Essai sur la constitution de la subdiv. de Sétif*, p. 214. 1867.

? DIADEMA, Nicaise, *Catalogue des anim. foss. de la province d'Alger*, p. 44, 1870.

Espèce de grande taille, subcirculaire, renflée au pourtour, fortement déprimée en dessus et en dessous.

Appareil apical grand et pentagonal, d'après l'empreinte. Aires ambulacraires de médiocre largeur. Zones porifères droites, formées de pores simples et directement superposés à l'ambitus et à la face inférieure, mais très-largement bigéminés sur toute la face supérieure jusqu'au sommet. Tubercules ambulacraires crénelés et perforés, formant deux rangées, au nombre de vingt à vingt-cinq par série, selon la taille de l'exemplaire.

Aires interambulacraires très-larges, portant six rangées de tubercules semblables à ceux de l'ambulacre. Les deux rangées internes sont les principales et atteignent seules le sommet. Des tubercules secondaires se voient, en outre, sur le bord externe, et forment de chaque côté le rudiment d'une nouvelle rangée. Zone miliaire large, peu granuleuse, déprimée à la partie supérieure et surtout près du sommet.

Péristome de médiocre largeur, entaillé, dans une dépression peu profonde.

Un des exemplaires recueillis par M. Peron porte encore un fragment de radiole. Le bouton est saillant et crénelé ; la collerette nulle ; la tige, qui est incomplète, mais qui devait être assez longue, est cylindrique, mince, finement striée dans toute sa longueur.

Remarque. — Cette espèce est bien connue, et nous n'avons pas besoin d'insister sur les caractères qui la distinguent de ses congénères. Les exemplaires recueillis en Algérie sont de taille variable ; mais l'un d'eux atteint les dimensions des plus grands échantillons de France. Ils sont d'ailleurs complétement conformes au type, et il ne saurait y avoir la moindre hésitation pour la détermination spécifique.

Localité. — Eddis, assez commun ; Bou-Saada, rare (dép. d'Alger) ; Khenchela ; environs de la maison forestière du Bou-Thaleb (d'après M. Coquand).

Étage urgo-aptien.

Collections Peron, Jullien, Coquand.

Pseudodiadema porosum, Gauthier, 1876.

Pl. III, fig. 10-15.

Diamètre.	23 millim.
Hauteur	8
Diamètre du péristome. . .	0,50 du diamètre total.

Espèce circulaire, peu élevée, fortement déprimée en dessus et en dessous.

Appareil apical assez grand, pentagonal, d'après l'empreinte. Zones porifères droites, superficielles, composées de pores fortement bigéminés à la partie supérieure, simples à l'ambitus, et se multipliant un peu à l'approche du péristome. Aires ambulacraires assez larges, portant deux rangées de tubercules crénelés et perforés, peu développés, diminuant de volume aux approches du sommet, au nombre de treize ou quatorze par rangée. L'espace intermédiaire est relativement large, et couvert d'une granulation homogène et serrée.

Aires interambulacraires assez larges, portant deux rangées principales de onze ou douze tubercules semblables à ceux des aires ambulacraires, comme eux diminuant de volume près du sommet. Extérieurement se trouve de chaque côté une rangée de tubercules secondaires, de même grosseur que les tubercules des rangées principales. Ils sont situés près des zones porifères, et ne s'élèvent pas au-dessus des deux tiers de la hauteur. Zone miliaire large, à peu près nue près du sommet, mais partout ailleurs couverte d'une granulation abondante, au milieu de laquelle quelques granules plus développés forment à l'ambitus comme un rudiment de deux rangées secondaires internes.

Péristome décagonal, fortement entaillé.

Rapports et différences. — On peut rapprocher le *Pseudodia-*

dema porosum des individus jeunes du *Pseud. dubium* et du *Pseud. Malbosi*. Il se distingue de l'un et de l'autre par sa zone miliaire plus large et plus granuleuse, par ses tubercules interambulacraires moins saillants et moins nombreux, et dont la rangée secondaire externe est si rapprochée de la zone porifère qu'elle ne laisse de place que pour quelques granules isolés à la face inférieure. Il est plus voisin encore du *Pseud. Autissiodorense*, Cotteau ; mais il est plus déprimé à la face supérieure ; ses tubercules ambulacraires et interambulacraires sont moins serrés et moins nombreux ; les zones porifères sont plus larges à la partie supérieure, et les pores plus fortement dédoublés ; l'intervalle qui sépare les rangées de tubercules ambulacraires est plus grand et plus granuleux.

Localité. — Bou-Saada, département d'Alger.

Étage urgo-aptien. Rare.

Collection Peron.

Explication des Figures. — Pl. III, fig. 10, *Pseud. porosum*, vu de côté ; fig. 11, face sup.; fig. 12, face inf.; fig. 13, sommet des aires ambulacraires montrant le dédoublement des pores, grossi ; fig. 14, portion des aires ambulacraires prise vers l'ambitus, grossie ; fig. 15, plaques interambulacraires grossies.

Pseudodiadema pastillus, Gauthier, 1876.

Pl. IV, fig. 1-5.

Diamètre.	15 millim.
Hauteur.	5
Diamètre du péristome. . . .	0,40 du diamètre total.

Espèce de petite taille, circulaire, renflée au pourtour, très peu élevée, déprimée en dessus et en dessous.

Appareil apical relativement assez grand, d'après l'empreinte qu'il a laissée. Aires ambulacraires assez larges, portant deux rangées de neuf à dix tubercules crénelés et perforés, assez gros à l'ambitus. L'espace intermédiaire est occupé par quelques granules assez rares et irrégulièrement placés. Zones porifères à peu près droites, composées de pores disposés par simples paires à la partie supérieure, mais se multipliant aux approches du péristome.

Aires interambulacraires relativement étroites, portant deux rangées de tubercules, égaux en nombre et en dimensions à ceux de l'aire ambulacraire. Ces deux rangées s'écartent à la face supérieure, et laissent entre elles un espace assez considérable. Des tubercules secondaires, également crénelés et perforés, mais plus petits, plus espacés, forment, de chaque côté, sur le bord, une rangée supplémentaire, qui ne s'élève pas jusqu'au sommet. Zone miliaire étroite à l'ambitus, mais assez large à la partie supérieure, à peine déprimée, portant quelques granules espacés.

Péristome peu développé, décagonal, assez enfoncé.

Rapport et différences. — Le *Pseudodiadema pastillus* est voisin du *Pseud. tenue,* Desor. Il s'en distingue par ses zones porifères plus droites, par ses tubercules moins espacés, par sa zone miliaire moins granuleuse à l'ambitus. Les sutures des plaques porifères ne sont pas apparentes. Il est également voisin du *Pseud. pulchellum,* Cotteau ; mais il est moins élevé, les tubercules ambulacraires et interambulacraires sont moins nombreux, la forme est moins pentagonale, la granulation moins serrée.

Remarque. — Cette espèce se trouve aussi à La Clape (Aude). La collection de M. Cotteau en renferme un exemplaire provenant de cette localité, qui ne diffère en rien des exemplaires algériens.

Localité. — Bou-Saada, département d'Alger.

Étage aptien, au-dessus des calcaires à orbitolines. — Assez rare.

Collection Peron.

Explication des Figures. — Pl. IV, fig. 1, *Pseudod. pastillus,* vu de côté ; fig. 2, face sup. ; fig. 3, face inf. ; fig. 4, aire ambulacraire grossie ; fig. 5, aire interambulacraire grossie.

ORTHOPSIS REPELLINI (A. Gras), Cotteau, 1864.

Nous avons déjà signalé cette espèce parmi les fossiles de l'étage néocomien (1). L'exemplaire que nous citons ici, mal conservé d'ailleurs, ne nous paraît différer en rien de celui de Teniet-Courass. La présence de l'*Orthopsis Repellini* au niveau que nous indiquons n'a rien qui puisse surprendre, car on l'a déjà recueilli en Europe à des horizons différents, dont le plus élevé paraît être l'étage urgonien.

LOCALITÉ. — Eddis, département d'Alger. — Rare.

Étage urgo-aptien.

Collection Peron.

GONIOPYGUS PELTATUS, Agassiz, 1838.

GONIOPYGUS IRREGULARIS, Nicaise, *Catal. des anim. foss. de la province d'Alger* p. 44, 1870.

Taille moyenne, forme peu élevée, renflée au pourtour, subconique, presque plate en dessous.

Appareil apical assez grand, d'apparence presque lisse, composé de cinq plaques génitales perforées à l'extrémité de l'angle externe, et de cinq plaques ocellaires subtriangulaires, intercalées dans les angles des plaques génitales.

Aires ambulacraires droites, portant deux rangées de tubercules de taille médiocre, non crenelés, imperforés, au nombre de douze par série. L'espace intermédiaire est occupé, à l'ambitus, par quelques granules très petits et peu nombreux. Zones porifères droites, formées de pores disposés par simples paires, mais déviant de la ligne droite près du péristome.

Aires interambulacraires médiocrement larges, portant deux rangées de tubercules sans perforation ni crénelures, plus gros à l'ambitus que ceux de l'aire ambulacraire, au nombre de sept ou

(1) Voir notre 2e fascicule, p. 91 (*Annales de Géologie* et *Bibliothèque de l'École des Hautes Etudes*. 1875).

huit par rangée. Zone miliaire resserrée, portant des granules irréguliers et peu nombreux.

Péristome assez grand, visiblement entaillé. Périprocte irrégulier, de médiocre grandeur.

Remarque. — Nous avons sous les yeux l'exemplaire rapporté par Nicaise au *Goniop. irregularis* : tous les caractères sont ceux du *Goniop. peltatus*; notamment, les ambulacres sont complétement dépourvus de ces tubercules secondaires intercalés entre les principaux à la face supérieure, et qui caractérisent si bien le *Goniop. Delphinensis* (*Goniop. irregularis* d'A. Gras).

LOCALITÉ. — Teniet-el-Haad, associé au *Terebratula sella*; Eddis, département d'Alger.

Étage urgo-aptien.

Collection Peron, service des mines à Alger.

CODIOPSIS NICAISEI, Gauthier, 1876.

Pl. IV, fig. 6-8.

CODIOPSIS, Nicaise, *Catal. des anim. foss. de la province d'Alger*, p. 41. 1870.

Diamètre	23 millim.
Hauteur	16

Forme pentagonale à la base, renflée et arrondie à la face supérieure, plate en dessous.

Appareil apical entourant le périprocte, composé de cinq plaques ocellaires plus petites et s'intercalant dans les angles des premières. Le corps madréporiforme a une apparence spongieuse, et sur la plaque qui le porte, le pore oviducal est un peu plus éloigné du périprocte que sur les autres.

Aires ambulacraires de moyenne largeur, saillantes, portant en dessous deux rangées de cinq ou six tubercules, qui ne se prolongent pas régulièrement à la face supérieure. Quelques-uns seulement persistent, mais épars et irrégulièrement placés. Zones porifères étroites, formées de pores disposés par simples paires, depuis l'appareil apical jusqu'aux gros tubercules. A cet endroit, la zone semble se rétrécir, et les pores changer de forme.

Aires interambulacraires larges, déprimées au milieu, portant à la base deux rangées très divergentes de quatre à cinq gros tubercules imperforés et sans crénelures.

Péristome invisible. Périprocte irrégulièrement ovale et oblique.

Rapports et différences. — Le seul exemplaire que nous ayons pu étudier nous a été communiqué par M. Ville. Le dessous est empâté ; le reste du test, bien que convenablement conservé, a malheureusement été nettoyé à l'acide, ce qui a détruit presque tous les détails d'ornementation. Tel qu'il est, cet exemplaire nous a paru appartenir à une espèce distincte. Il est beaucoup moins élevé que le *Codiopsis doma* ; il se rapproche plus du *Codiopsis Meslei,* mais sa forme bien plus pentagonale, ses aires interambulacraires déprimées, tandis que les ambulacres sont saillants, suffisent pour l'en distinguer facilement. La forme pentagonale semble le rapprocher du *Codiopsis Jaccardi.* Toutefois cette forme est moins accusée dans le *Cod. Nicaisei,* la taille est plus grande, les plaque apicales paraissent ne point porter de tubercules. Les autres détails manquant dans notre exemplaire, nous ne pouvons pas pousser plus loin la comparaison : les deux espèces nous semblent nettement distinctes, quoique la forme pentagonale leur donne un air de ressemblance.

Nous avons dédié cette espèce à la mémoire de M. Nicaise, ravi prématurément à la science, et qui, le premier, l'a signalée.

Localité. — Teniet-el-Haad, dans les couches à *Terebratula sella.*

Étage urgo-aptien.

Collection du service des mines à Alger.

Explication des Figures. — Pl. IV, fig. 6, *Cod. Nicaisei,* vu de côté ; fig. 7, face sup. ; fig. 8, face inf.

Codechinus rotundus (A. Gras), Desor, 1857.

Diamètre.	40 millim.
Hauteur.	35

Nous ne possédons de cette espèce qu'un exemplaire : il est de grande taille, circulaire, renflé en dessus, très arrondi à l'ambitus, presque plat en dessous.

Appareil apical annulaire. Zones porifères droites, composées de pores très-multipliés, et ayant une tendance à former trois rangées verticales. Un petit renflement granuliforme sépare les pores de chaque paire. Des granules se trouvent en outre disséminés entre les paires de pores. Aires ambulacraires assez larges, portant à la face inférieure et à l'ambitus de petits tubercules assez nombreux. A la face supérieure, ils diminuent considérablement en nombre, et ne se montrent plus guère que sur le bord des zones porifères.

Aires interambulacraires assez larges, portant des tubercules semblables à ceux de l'aire ambulacraire, nombreux et alignés en rangées à peu près régulières à la face inférieure, relégués principalement dans le voisinage des zones porifères à la face supérieure. Cependant, le milieu de l'aire n'en est pas complétement dépourvu, et l'on distingue même deux rangées principales qui vont de la bouche au sommet. Tout le test est couvert d'une granulation très fine et homogène. Dans l'aire interambulacraire on distingue, à la suture des plaques, une tache noire, allongée horizontalement.

Péristome petit, légèrement enfoncé. Périprocte subcirculaire, entouré par l'appareil apical.

Remarque. — Cet exemplaire est complétement identique à ceux qu'on recueille dans l'Isère, sauf que le péristome, au lieu d'être à fleur du test, se trouve dans une légère dépression. Nous ne croyons pas que ce caractère isolé puisse suffire pour établir une espèce nouvelle, alors que tout le reste du test ne présente aucune différence.

Localité. — Eddis, dans le Hodna, département d'Alger.

Étage urgo-aptien.

Collection Peron.

Aux espèces que nous venons d'énumérer il faut ajouter quelques fragments, trop incomplets pour être décrits avec détails :

1° Un radiole recueilli par M. Peron dans l'urgo-aptien de Bou-Saada : il est assez gros, subtriangulaire, orné, principalement sur les angles, d'épines émoussées. Nous croyons qu'on doit le rapporter au genre *Rhabdocidaris*.

2° D'autres radioles plus minces, cylindriques, très longs, et garnis de rangées très serrées de granules. Ils proviennent de la même localité, et doivent appartenir au genre *Cidaris*.

3° M. Coquand nous a communiqué, provenant de Teniet-el-Afgan, près de Sétif, un *Epiaster* de moyenne taille, à sommet central, à ambulacres très longs, mais à pores petits et égaux. Cet exemplaire, dont le dessus est assez bien conservé, nous paraît appartenir à une espèce encore inconnue, et qui ne pourra être dénommée spécifiquement que lorsqu'on aura en main des matériaux plus complets.

CHAPITRE DEUXIÈME — Étage albien.

Un des caractères particuliers de l'étage albien d'Algérie, c'est d'être en grande partie composé de roches déposées mécaniquement. Il acquiert en outre dans ce pays une puissance tout-à-fait inusitée en France, où ses couches, si riches en fossiles, atteignent à peine une trentaine de mètres.

En Algérie, entre les dernières couches aptiennes et les premières de l'étage cénomanien, on peut mesurer toujours une masse de grès, de marnes, de poudingues et de calcaires, dont l'épaisseur varie de 150 à 300 mètres. Le rôle de ce puissant étage dans le système orographique des régions méridionales, et son influence au point de vue de leur infertilité sont considérables et méritent d'arrêter l'attention des géologues. Nous verrons d'ailleurs que ce rôle n'est pas borné au sud algérien, mais que la plupart des déserts sablonneux du nord de l'Afrique, de l'Arabie et de la Palestine doivent sans doute en partie leur existence aux affleurements des roches de cette époque géologique.

Il semblerait, par ces raisons, que l'existence de ce gault d'Algérie dût être constatée, et son étude faite depuis longtemps. Il n'en est rien cependant. C'est un des étages les moins connus, et les détails sur lui manquent complétement. Nous verrons en particulier que sa faune échinologique, qui nous occupe aujourd'hui, est entièrement nouvelle.

MM. Ville, Fournel et Coquand ont peu rencontré l'étage albien dans leurs grandes explorations. Nous avons été, par suite, le premier à donner, il y a dix ans, quelques renseignements un peu détaillés sur un gisement de cet étage (1).

M. l'ingénieur en chef Ville, dans sa notice si intéressante sur les provinces d'Alger et d'Oran, a mentionné seulement au tableau des fossiles (2), deux espèces du gault, les *Ammonites mamillatus* Schloth. et *A. Candollianus* Pict.; toutes deux du djebel Loha, aux environs de Médéah, mais sans donner aucun renseignement sur leur gisement.

MM. Renou et Fournel ne font aucune mention, dans leurs ouvrages, de l'étage qui nous occupe.

M. Coquand, dans son premier mémoire sur la province de Constantine (3), signale dans la série de couches qu'il a relevée à Aïn Zaïrin, 25 mètres d'argiles bleuâtres, se distinguant difficilement des argiles semblables du cénomanien et de l'aptien, qui les encadrent, mais dans lesquelles il a recueilli l'*Ammonites Beudanti*, l'*Hamites Bouchardi* et les *Turrilites Emerici* et *Puzosianus*, qui représenteraient le gault.

Dans son deuxième mémoire (4), le même savant professeur nous fait connaître qu'il n'a rencontré le gault qu'aux environs de Kenchela; et encore n'est-ce que par présomption et en raison de la situation de ces couches au-dessous du niveau à *Pecten asper*, qu'il attribue à cet étage les argiles rouges et les bancs de poudingue qu'il a rencontrés près du Hammam et qui ne lui ont fourni aucun fossile.

Cette présomption, d'ailleurs, paraît bien justifiée, et nous verrons, en effet, que telle est bien dans ces régions la composition de l'étage albien.

(1) Peron, *Notice sur la géologie des environs d'Aumale* (Bull. Société géologique de France, t. XXIII, p. 686, 1866).

(2) *Loc. Cit.*, p. 143.

(3) *Mém. Soc. géol. de France*, t. V, première partie, p. 87, 1854.

(4) *Mém. Soc. d'Émul. de la Provence*, t. II, p. 38 et 46, 1862.

En 1870, M. Nicaise (1) a donné quelques renseignements sur des gisements de gault des environs d'Aumale, de Berouaguiah et du djebel Taskroun.

Ceux d'Aumale sont précisément ceux que nous avions nous-même décrits, et nos indications sur cet étage sont reproduites par M. Nicaise. Toutefois ce géologue avait reconnu et exploré ces mêmes gisements avant nous, car la liste des fossiles du gault, que M. Coquand a publiée dans son grand mémoire, renferme un bon nombre d'espèces recueillies par cet explorateur.

Dans son mémoire encore sur le massif de Milianah, M. Pomel (2) attribue au gault 300 mètres de bancs de grès et d'argiles gréseuses, où il a recueilli quelques espèces très-voisines des *Belemnites minimus*, *Ammonites mamillatus* et *A. Beudanti*, et d'autres espèces qui diffèrent des espèces connues, mais ont toutes une grande analogie de forme avec celles caractéristiques de l'étage du gault.

En 1867, M. Brossard a fait connaître avec quelques détails précieux la présence de l'étage albien dans le sud de la subdivision de Sétif et notamment dans la chaîne du djebel Bou Thaleb. Nous avons également, M. le Mesle et moi, longuement étudié ces mêmes gisements et nous sommes en mesure de donner des renseignemeuts assez complets sur cette région qui nous a fourni la majeure partie des matériaux décrits dans ce chapitre. Si, en ce qui concerne la délimitation de l'étage, nous n'adoptons pas complètement les opinions de M. Brossard, ce n'en est pas moins à cet explorateur que revient le mérite d'avoir reconnu et signalé cet intéressant gisement.

En général, les terrains en Algérie se présentent pour chaque étage sous deux facies bien distincts. Le premier, propre aux couches de la zone montagneuse du nord, se voit dans la région du Tell; le second est propre à la région des chotts ou des hauts plateaux. Ces facies sont tellement différents dans ces deux régions, que c'est à peine si dans les nombreux fossiles que l'on

(1) Nicaise, *Catalogue des fossiles de la prov. d'Alger*, p. 14 et 15.
(2) *Descript. du massif de Milianah*, p. 21 et 28.

peut recueillir dans des zônes évidemment synchroniques, on retrouve quelques rares espèces communes. Nous avons eu déjà à constater ces différences en traitant des étages néocomien et urgo-aptien, mais elles s'accentuent encore dans le gault, atteignent leur maximum à l'étage cénomanien et persistent jusque dans la craie supérieure. Le propre des zones littorales, c'est de présenter partout : 1° dans les marnes, une riche faune de petits céphalopodes à l'état de fer pyriteux ou hydroxidé, de petits bivalves et gastéropodes, et, 2° dans les calcaires, une faune d'oursins et de grands céphalopodes, à l'exclusion à peu près complète des ostracés, si abondants dans le sud, des polypiers et même des brachiopodes, qui ne s'y montrent qu'accidentellement et par petits amas.

Parfois, dans la zone géographique intermédiaire entre les deux régions, les terrains revêtent un facies mixte qui sert en quelque sorte de trait d'union entre ceux du nord et ceux des hauts plateaux et permet de les paralléliser plus exactement. Tels sont par exemple les terrains des montagnes du Bou-Thaleb, ceux des environs de Boghar, etc. Nous ferons ressortir, en entrant dans le détail des divers gisements, les différences remarquables de ces faunes, d'ailleurs si riches, et nous pourrons établir un parallèle assez curieux entre les faunes contemporaines. Il nous suffit, en ce moment, d'énoncer ce fait général, nous réservant d'y revenir dans des considérations générales sur la constitution géologique du nord de l'Afrique.

En ce qui concerne l'étage albien, ces différences dont nous venons de parler sont bien accentuées. La faune de cet horizon, assez riche à Aumale, Berouaguiah, etc., et composée en grande partie d'espèces connues en France, devient déjà bien différente et plus pauvre dans la deuxième chaîne de montagnes, pour disparaître en grande partie et revêtir un caractère tout particulier dans les hauts plateaux du sud.

Ces changements ressortiront par la description que nous allons donner de l'un des gisements de chacune de ces zônes géographiques.

ÉTAGE ALBIEN DU TELL ALGÉRIEN.

Les gisements de l'étage albien dans le Tell algérien appartiennent tous à une bande habituellement très-étroite, qui s'étend, parallèlement à la côte sur une longueur encore indéterminée, mais que nous connaissons déjà sur au moins 100 kilomètres. Dans un travail publié, il y a une dizaine d'années, sur la géologie des environs d'Aumale, nous avons fait connaître un des principaux gisements de cette bande. Il peut être considéré comme le type des terrains albiens de cette région et nous ne pouvons mieux faire aujourd'hui que de reproduire un résumé de la description que nous en avons donnée.

Les couches les plus inférieures que l'on puisse observer à Aumale sont celles qui forment le sol du pays des Arib. Elles se composent principalement de marnes fissiles très-argileuses, vertes et grises, très plissées et tourmentées, en partie métamorphisées et veinées par places de nombreux petits filons de chaux carbonatée cristallisée. Ces marnes renferment, à la base, des bancs subordonnés de calcaires schisteux gris, puis des alternances de grès ferrugineux, qui, sur certains points, passent à de véritables quartzites. Je n'ai pu recueillir aucun fossile dans cette première série et je ne puis par suite m'appuyer que sur leur position stratigraphique pour les attribuer à l'étage albien et peut-être en partie à l'aptien. Au nord et au sud de la plaine des Arib, les couches dont nous venons de parler sont recouvertes par des grès calcarifères, puis par des calcaires marneux, où se montrent les représentants habituels de la faune albienne. Nous avons pu distinguer là deux zones fossilères différentes. La première n'est visible que sur de rares points. C'est principalement sur le chemin d'Aumale à Beni-Mansour, au lieu dit Teniet-Aïn-Berni, que j'ai pu l'explorer. Elle se compose d'un calcaire marneux gris-bleu, très riche en *Terebratula Dutemplei, Belemnites minimus*, etc. On y trouve également de nombreux moules de gastéropodes, dont la plupart se retrouvent dans la zone supérieure, des serpules, le *Plicatula radiola*, des astartes, etc.

Les oursins sont assez communs dans ce banc, mais en mauvais état. Ils sont presque tous d'espèces nouvelles ; ce sont l'*Hemiaster densigranum* Gauth., très abondant, mais toujours déformé, le *Salenia Peroni* Cott., et un autre petit *Hemiaster*, voisin du *H. minimus* et du *H. Aumalensis*. A ce même niveau, M. Thomas a recueilli à Berouaguiah le *Discoïdea conica* Desort ; *Epiaster Thomasi* Gauth. ; *Epiaster pedicellatus* Gauth. ; *Cidaris baculina* Gauth., etc.

La zone fossilifère supérieure, séparée de la première par un banc de calcaire gréseux assez puissant, formant habituellement corniche, comprend des marnes fissiles jaunes et grises, très riches par places en petits fossiles et notamment en céphalopodes ferrugineux.

Nous avons recueilli dans cette zone les espèces suivantes, qui établissent d'une façon bien péremptoire l'âge de cette couche :

Ammonites latidorsatus, Michelin.
— *Mayori* d'Orb.
— *Dupinianus* d'Orb.
— *Beudanti* Brongn.
— *Camatteanus* d'Orb.
— *Velledæ* Mich.
— *versicostatus* d'Orb.
Hamites Spec. ind.
Helicoceras annulatum d'Orb.
Ptychoceras læve? Math.
Belemnites minimus List.
Natica excavata d'Orb.
— *Ervyna*, —
Solarium ornatum, —
Solarium moniliferum d'Orb.
— *dentatum*, —
Cerithium derignyanum Pict. et R.
Nucula Neckeriana, —
— *pectinata* Sow.
Leda Desvauxi Coq.

Astarte Adherbalesis Coq.
Plicatula radiola d'Orb.

Crustacés et beaucoup d'autres espèces nouvelles ou indéterminées.

Les principaux gisements où j'ai pu recueillir ces espèces dans la subdivision d'Aumale, se trouvent d'abord au nord du pays des Arib, au lieu dit Aïn-Tiziret, puis à l'ouest du village de Bir-Rabalou. Au sud de la plaine, l'horizon se montre en bande étroite au Dhallat, à Teniet-Aïn-Berni. Aux El-Aisnam-Boughara, au sud du Pont des Gorges, sur la route d'Aumale à Alger, à Teniet-el-Bir, à la Fontaine du Docteur, au Guelt-er-Ras, au nord des ruines romaines de Sour-Djouab, etc.

De ce dernier point, où nous avons arrêté nos explorations, la bande albienne se prolonge, dans l'ouest, vers Berouaguiah, et vers Médéah au djebel Taskroun et au djebel Loha, dans le sud-ouest de cette ville.

Dans ces dernières localités ont été recueillies quelques espèces non trouvées à Aumale et qu'il convient d'ajouter à la liste citée ci-dessus, pour avoir la faune connue du terrain albien du nord.

Ce sont (1) :

Ammonites Denarius Sow.
— *mamillaris* Schlot.
— *Lyelli* Leym.
— *Bouchardianus* d'Orb.
— *Boissyanus*, id.
— *inflatus* Sow.
Hamites attenuatus Sow.
Heteroceras serpuliforme Coq.
Natica gaultina d'Orb.
Voluta pusilla Coq.
— *algira* Coq.
Nucula ovata Mantell.
— *ornatissima* d'Orb.
— *bivirgata* Fitton.

(1) Ces espèces sont citées ici d'après les renseignements donnés par M. Nicaise.

A Aumale, les marnes jaunâtres dont nous venons de parler sont surmontées par une épaisse série de calcaires durs qui forment une ligne de collines élevées de 1,000 à 1,200 mètres au-dessus du niveau de la mer (1).

Nous n'avons pas recueilli de fossiles dans ces calcaires et par suite il serait difficile d'affirmer qu'ils appartiennent encore au Gault. Cependant, comme les premières couches fossilifères que l'on rencontre au-delà de ces bancs calcaires sont caractérisées principalement par une ammonite dont M. Coquand a fait un type nouveau, l'*Ammonites Nicaisei*, mais qui n'est en réalité, à mon avis, que l'*A. inflatus* jeune, et que d'autre part, avec ce fossile se trouve le *Turrilites Bergeri*, que nous retrouverons encore plus haut, l'*Ammonites Martimpreyi*, un *Scaphites*, qui paraît être le *Sc. Hugardianus* Pict. et R., c'est-à-dire les représentants les plus habituels de la faune cénomanienne la plus inférieure, on est en droit de supposer qu'à Aumale cette faune est immédiatement superposée aux assises du gault, comme cela a lieu partout ailleurs.

Nous résumons dans le diagramme ci-dessous la disposition des assises albiennes au nord d'Aumale.

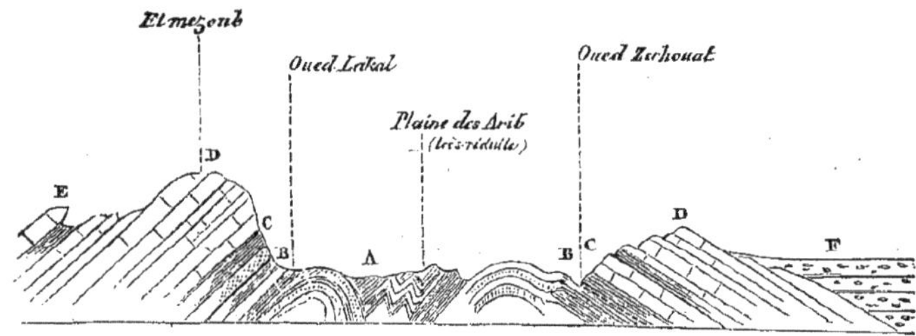

A. Marnes fossiles, schisteuses, tourmentées avec calcaires schisteux et grès ferrugineux.
B. Calcaires à *Terebratula Dutemplei, Hemiaster densigranum.*
C. Marnes à Ammonites ferrugineuses (*A. Beudanti*, *A. Mayori*, etc.
D. Calcaires sans fossiles.
E. Zone de l'A. *inflatus*, etc.
F. Alluvions de l'oued Sahel.

(1) Le djebel mezouh où est placé l'ancien télégraphe aérien de l'Oued Lakal est le type de ces collines.

Ainsi que nous l'avons dit, la zone albienne du Tell a été étudiée dans les environs de Berouaguiah par M. Thomas, vétérinaire militaire, qui a bien voulu nous communiquer le résultat de ses recherches.

Le gault se montre là sur un espace assez restreint, à 3 et à 4 kilomètres au nord-est de la smalah des Spahis. Il se présente en couches redressées presque verticalement, qui affleurent sous les grès et argiles tertiaires du système du Maouada, lesquels les recouvrent en stratification discordante.

Ce sont des calcaires gréseux, bleus et rougeâtres, des calcaires marneux, presque noirs, etc. Les fossiles et en particulier les oursins sont assez communs dans ce gisement, mais ils sont habituellement empâtés de calcaire et d'une médiocre conservation. Ceux qui ont pu être décrits et déterminés sont, comme nous l'avons dit :

Epiaster pedicellatus N. Sp.
— *Thomasi* —
Hemiaster densigranum —
Discoïdea conica Desor.
Cidaris baculina N. Sp.

A ces espèces se joignent les mêmes térébratules qu'à Aumale, une rhynchonelle voisine de *R. lata*, un fragment de salénie qui paraît être le *S. Peroni*, etc.

Les gisements du djebel Loha et du djebel Taskroun, au sud-ouest de Médéah sont assez riches en fossiles, mais nous n'en connaissons aucun oursin. Les couches y sont formées de calcaires et de marnes de teintes foncées, analogues à ceux d'Aumale et de Berouaguiah, et elles renferment la plus grande partie des fossiles cités plus haut.

ÉTAGE ALBIEN DE LA RÉGION CENTRALE.

Si maintenant de la région du nord algérien nous nous transportons dans la zone montagneuse centrale, nous trouvons, comme nous l'avons dit, l'étage albien sous un facies déjà bien différent. Dans le massif du djebel Bou-Thaleb, au sud de Sétif, cet horizon règne sur le versant nord des montagnes et les couches marneuses qu'il renferme donnent habituellement naissance à une vallée parallèle à l'axe de la montagne. Nous les avons suivies depuis l'Oued Soubella jusqu'au-delà de la maison forestière du Bou-Thaleb. A cette dernière localité les couches inférieures sont bien étalées, et c'est là qu'on peut le mieux les étudier.

Nous avons dit précédemment (1) que les dernières couches aptiennes étaient des calcaires à orbitolines et à nérinées, et des calcaires durs gris à *Caprotina Lonsdalei*; au-dessus on voit encore quelques couches gréseuses, puis des calcaires gris, pauvres en fossiles, mais où cependant paraissent se montrer déjà quelques représentants de la faune qui va se développer au-dessus, notamment des cardites, trigonies, etc. Après cette petite série se montre, par places seulement, une couche marneuse de 0m 50 d'épaisseur environ, variable, parfois jaunâtre, riche en fossiles. Dans un premier voyage j'avais recueilli, à ce niveau, l'*Heteraster Tissoti*, l'*Epiaster incisus*, et des moules assez nombreux mais peu déterminables de bivalves, notamment ceux que M. Coquand dans ses notes et dans sa collection, a désignés sous les noms de *Venus Rouvillei*, *Cardium amphitritis*, etc.

Ces fossiles, tous spéciaux à la localité, me laissaient indécis sur leur âge et, suivant l'exemple de M. Brossard, j'étais porté à placer cette petite faune encore dans l'étage aptien. De plus, ayant trouvé l'*Heteraster Tissoti* dans des calcaires supérieurs aux grès et aux marnes dont nous allons parler, j'étais entraîné à ramener tout cet ensemble dans le même étage. Mais la découverte faite depuis par M. Le Mesle, dans cette même zône marneuse, d'une série de fossiles et notamment de céphalopodes déroulés, très caractéristiques de l'étage du gault classique, a modifié ma manière de voir. L'*Heteraster Tissoti*, que M. Coquand, qui a créé l'espèce, avait, d'après les renseignements donnés, attribué à l'étage urgonien, paraît donc devoir être remonté dans la série.

(1) Voir le chapitre Ier, relatif à l'étage urgo-aptien.

Pour faciliter la description du gisement important qui nous occupe, nous donnons ci-dessous une coupe relevée par nous près de la maison forestière et complétée par les indications des découvertes de M. Le Mesle.

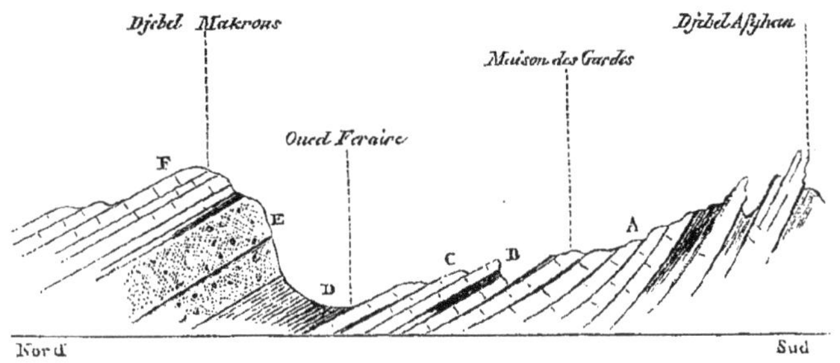

Les calcaires et grès A en grands bancs représentent les dernières couches de la série urgo-aptienne.

Au-dessus viennent quelques bancs calcaires dont la place est un peu douteuse, puis la petite couche marneuse B, à fossiles du gault. M. Le Mesle ayant bien voulu me communiquer le résultat de ses recherches, j'ai pu, avec les fossiles que j'ai moi-même recueillis, établir ainsi qu'il suit la faune de cette petite zone.

Ammonites Bouchardianus d'Orb.
— *cristatus* Deluc.
— *varicosus* Sow.
— *inflatus* Sow.
Hamites virgulatus Brong.
— *flexuosus* d'Orb.
— *Favrinus* Pict. et Roux.
— *rotundus* Sow.
— *armatus* ? d'Orb.
Ptychoceras gaultinus Pict.
Straparollus Martinianus (*Solarium*) d'Orb.
Pterocera.
Cardium amphitritis Coq.

Venus Rouvillei Coq.
Cardita —
Astarte —
Heteraster Tissoti Coq.
Hemiaster Aumalensis Coq.
Epiaster incisus Coq.

Cette faune a, comme on le voit immédiatement, une grande analogie avec celle du gault de France et en particulier avec celui de la Perte du Rhône; mais un fait important, qui a été constaté par M. Le Mesle, ajoute encore un degré à cette analogie, c'est que cette couche, qui nous occupe, renferme du phosphate de chaux en assez grande abondance, et quelques moules de fossiles analysés ont donné jusqu'à 40 et 50 % de ce phosphate.

Au-dessus de la couche phosphatée, qui ne paraît pas être très constante et n'affleure que sur quelques points, s'étendent trois ou quatre bancs peu épais de calcaires C. marneux, gris-foncé, assez durs, riches en fossiles généralement de grande dimension. La couche supérieure contient de beaux et grands spécimens d'*Ammonites inflatus*, de *Nautilus Neckerianus*, etc. C'est là le gisement principal des oursins que nous décrivons dans cette livraison, et qui, pour la plupart sont des espèces nouvelles. Les fossiles de cette couche sont :

Ammonites inflatus Sow., C.
— voisine de *A. splendens*.
Nautilus Neckerianus Pict., A. C.
Pholadomya Genevensis Pict.
Echinospatangus radula Gauth., R. R.
Epiaster incisus Coq., A. C.
— *variosulcatus* Gauth. gr. espèce, A. C.
Hemiaster Aumalensis Coq., A. C.
— *numidarum* Gauth., R.
Holaster sylvaticus Gauth., R.
Echinoconus tumidus Gauth., R. R.
Holectypus Meslei — A. C.
Cidaris malum, A. C.

Ces couches, bien visibles auprès de la maison des gardes forestiers, descendent en pente douce jusqu'au lit du petit ruisseau de l'oued Feraire, où elles sont recouvertes immédiatement par une puissante assise de marnes D, rougeâtres et grises, qui forment la base de la longue colline appelée djebel Makrous, laquelle borde au nord cette vallée étroite et encaissée, où coule l'oued Feraire.

Au-dessus de l'assise marneuse, viennent d'énormes bancs E de poudingues à éléments quartzeux et calcaires arrondis, de grosseurs variables et souvent de grosses dimensions. Le ciment calcaire qui réunit les cailloux, est habituellement gris, mais souvent aussi rougeâtre et ferrugineux; parfois on y voit intercalées quelques assises gréseuses et marneuses.

Ce banc de poudingue se prolonge à cette place sur une longue distance, dans l'est et dans l'ouest. Au-dessus du village d'Anoüel, dans la partie haute de la montagne, on le voit buter contre les calcaires jurassiques, par suite d'une faille profonde; au Teniet-Safra, qu'on franchit pour parvenir à ce village, on recoupe ces poudingues ainsi que des grès et marnes rougeâtres et les calcaires supérieurs de l'étage.

A la maison forestière, la partie supérieure de l'étage albien est formée par des calcaires F, en bancs épais, pauvres en fossiles, qui s'inclinent vers la plaine et occupent tout le sommet et le versant nord du djebel Makrous. Ces calcaires ne m'ont donné sur ce point aucun fossile; la colline est très boisée, et les recherches y sont difficiles. Plus loin, dans l'ouest, au point où l'oued Sysly franchit cette barre calcaire, par une chute très pittoresque, j'ai pu recueillir quelques gastéropodes assez frustes et à l'état de moules seulement. Aucun d'eux n'a pu être déterminé spécifiquement. L'espèce dominante est une grande turritelle assez voisine de la *Turritella gigantea* Coq., qu'on trouve dans la craie supérieure. Enfin, sur la falaise de l'oued Soubella, j'ai ramassé, dans ces mêmes calcaires, quelques *Heteraster* en mauvais état, qui m'ont paru pouvoir être rapportés à la même espèce que celui des couches inférieures, c'est-à-dire à l'*Heteraster Tissoti* Coq.

Le versant nord-ouest du djebel Bou-Iche, formé en partie par les calcaires qui nous occupent, m'a présenté également quelques fossiles, notamment des huîtres en mauvais état et des moules de gastéropodes de grandes dimensions, *Natica*, *Fusus*, *Pterocera*; je pense que des recherches plus approfondies dans cette localité, aboutiraient à des résultats profitables.

Les parties hautes de ce versant du djebel Bou-Iche sont très intéressantes à un autre point de vue, car elles renferment de nombreux filons de galène argentifère, qui ont été, depuis une époque très reculée, exploités par les indigènes et même par les Romains. La roche encaissante est un calcaire dolomitique blanc, cristallin, avec des amas importants de sulfate de baryte. Des puits en boyaux sinueux ont été creusés dans cette roche pour y suivre le minerai, et des quantités assez considérables de plomb en ont été retirées. D'après l'opinion de M. Brossard, le minerai appartiendrait au terrain jurassique, mais M. Tissot est, je crois, d'une opinion contraire, et selon lui, les roches galénifères appartiendraient aux terrains crétacés, et vraisemblablement alors à l'étage albien. Mes études n'ont pas été assez portées sur ce point spécial, pour que je puisse avoir à ce sujet une opinion bien assise. Je pense toutefois que de grandes failles, qui existent sur ce point et qui ont mis en contact l'albien et la grande oolithe, ne doivent pas être étrangères à la production du minerai, et, en conséquence, ce minerai serait plus récent que ne le pense M. Brossard.

Il ne nous a pas été possible de voir les couches qui, au nord du djebel Makrous, recouvrent immédiatement les calcaires supérieurs du gault. Les dépôts sahariens de la plaine viennent masquer les couches, et ce n'est qu'à quelques kilomètres plus loin, dans les collines qui entourent le bord du Caïd Messaoud, que l'on trouve l'étage cénomanien bien caractérisé. Cet étage commence-t-il dans le massif même des calcaires du djebel Makrous? Nous ne saurions l'indiquer. Si la succession était la même exactement qu'à Bou-Saada, nous opterions pour l'affirmative, mais, dans l'état actuel de nos connaissances, nous n'avons que la présence, dans ces mêmes couches supérieures, de l'*Ammonites inflatus*, que M. Brossard y a signalée comme dans la zone inférieure, et de l'*Heteraster Tissoti*, que nous avons recueilli nous même, pour nous guider, et par conséquent, nous plaçons provisoirement dans l'étage albien tout ce massif calcaire.

ÉTAGE ALBIEN DE LA RÉGION MÉRIDIONALE.

Le terrain albien du Bou-Thaleb forme, comme nous l'avons dit, un type transitoire et un trait d'union entre celui du Tell et celui des hauts plateaux sahariens. L'élément calcaire s'y montre encore assez puissant, et avec lui les restes fossiles, mais, si nous quittons cette chaine pour franchir les plaines du Hodna, nous ne trouverons plus, dans les montagnes du sud, qu'un étage formé presque complètement de marnes bariolées gypsifères, et de grès puissants, où les fossiles font défaut. Malgré ces caractères différentiels, il ne paraît aucunement douteux que les assises en question soient les représentants de l'étage albien. Leur position entre les couches supérieures de l'étage urgo-aptien et les zones les plus inférieures du cénomanien et leur correspondance d'ailleurs évidente avec les marnes, poudingues et calcaires de la maison forestière, ne permettent pas de leur assigner une autre place.

Nous verrons, en outre, que quelques rares fossiles dans les couches supérieures, viennent corroborer cette manière de voir.

Ainsi que nous l'avons dit en commençant, les roches de l'étage albien jouent un rôle important dans le sud de l'Algérie, et principalement dans les hauts plateaux des subdivisions de Sétif, d'Aumale, de Médéah, etc.

Il serait superflu de mentionner ici les points très nombreux où on les voit affleurer; une bonne partie des grandes montagnes de ces régions, comme les djebel Batan, Mgazen, Mahalleg, Bou-ferdjoun, Tezrarine, Bou-Khaïl, Milok, etc., etc., ont leur base occupée par les énormes bancs de grès de cet étage, qui atteignent habituellement une centaine de mètres d'épaisseur.

Ce sont ces roches, si peu étudiées jusqu'ici, au point de vue géologique, qui contribuent beaucoup à faire de ces régions des steppes incultes et inhabitables. C'est à leur désagrégation incessante (1), que sont dus ces immenses amas de sables mouvants, qui non seulement rendent, sur de vastes espaces, toute culture impossible, mais empêchent les communications et dessèchent toutes ces régions, en absorbant les cours d'eau qui les traversent.

Les environs de Bou-Saada, le sud des lacs Zahrez, l'ouest de Laghouat, les plaines de Sidi Bouzid, Tadmit, etc., sont des exemples de cette influence pernicieuse. Les érosions ont dû être immenses dans ces couches friables, depuis leur exondation, et il est facile de constater que la plupart des plaines et vallées de ces régions sont dues à ces érosions, dont les produits, accumulés pendant les siècles, ont servi à combler les bassins des Chotts et formé ces énormes dépôts de sables et d'argiles, qui atteignent parfois jusqu'à 150 mètres d'épaisseur et recouvrent tous les plateaux d'un épais manteau de couches superficielles, le plus souvent stériles. Ces dépôts, dont l'âge remonte vraisemblablement à la fin de la période tertiaire, mais qui paraissent s'être continués depuis sans interruption, s'étendent au loin dans le Sahara, ce qui leur a fait donner par M. Ville le nom de terrain saharien, que nous avons adopté. C'est dans leur sein, que les forages artésiens, si multipliés maintenant dans ces déserts, vont reprendre avec succès les eaux qu'ils ont absorbées, ramenant ainsi à la surface, la vie qui en avait disparu.

Ce rôle que jouent dans le sud algérien les roches de l'étage albien, ou plutôt des deux étages albien et aptien, n'est pas d'ailleurs borné à cette contrée. Leur influence funeste se fait sentir dans tout le nord de l'Afrique, jusqu'aux déserts libyques, jusqu'à l'Arabie et à la Palestine.

Il est difficile, en effet, quand on a exploré le sud algérien et qu'on étudie ensuite le remarquable travail de M. Louis Lartet, sur la géologie de ces derniers pays, de ne pas être frappé de

(1) Ainsi que nous l'avons fait remarquer dans notre précédente livraison, il y a aussi au-dessous des calcaires rhodaniens de grands bancs de grès, dont la désagrégation contribue dans une certaine mesure à la formation des sables mouvants, concurremment avec ceux de l'étage albien.

l'analogie complète que présentent, dans toutes ces contrées, la composition et le facies des terrains crétacés moyens. Non-seulement la succession pétrologique y est la même, mais les fossiles y sont en très grande partie identiques. Si, par exemple, nous comparons la coupe de la vallée de Waddy mojib (1) avec celles du Dolat azdin, près de Bou-Saada, du djebel Batan, au-dessus d'Eddis, du Tezrarine, etc., etc., nous constatons une véritable identité. C'est, à la base, des grès puissants, friables, puis des marnes vertes, salifères, puis des calcaires avec *Ostrea africana, Mermeti, olisoponensis, flabellata, Heterodiadema libycum* et toute cette riche faune particulière au cénomanien d'Afrique. Ces grands bancs de grès, inférieurs à l'étage cénomanien, sont bien les mêmes, d'après M. Lartet, qui se continuent dans l'Arabie Pétrée, dans la presqu'île du Sinaï, dans le nord de l'Afrique et au sud de l'Egypte, jusqu'en Nubie, où ils prennent un développement qui les a fait désigner sous le nom général de grès de Nubie. Dans toutes ces contrées, la désagrégation de ces roches donne naissance, comme en Algérie, à des dunes, à des plaines de sable, dont le Waddy akabah, dans l'Idumée, la plaine de Debbet-er-Ramleh, au nord du Sinaï, etc., sont de frappants exemples.

M. Lartet, au surplus, avait bien pressenti la continuité de ces grès jusqu'en Algérie, et il cite, en effet, d'après les travaux connus à ce moment, des gisements de grès dont quelques-uns sont bien réellement du niveau qui nous occupe. A coup sûr, ce pressentiment fût devenu une certitude, et M. Lartet eût été complètement affirmatif, s'il eût été en possession des renseignements que de longues explorations dans ce pays nous ont procurés.

Peut-être, cependant, convient-il de faire quelques réserves en ce qui concerne les grès de la Nubie même. M. Lartet n'a pu suivre jusque là les bancs du Sinaï et de la Basse-Egypte, et d'autre part, quelques géologues sont d'avis que les grès de Nubie sont d'un âge plus récent. M. Coquand, en particulier, a tout récemment (2) émis cette opinion, que ces grès devaient appartenir

(1) L. Lartet, *Géol. de la Palestine*, p. 159.

(2) *Bul. Soc. géol. de France*, t. IV, 3e série, p. 159.

à l'horizon crétacé le plus supérieur, à l'étage garumnien de M. Leymerie. A la vérité, on peut trouver que les raisons sur lesquelles s'appuie notre collègue, ne sont pas très péremptoires. Le seul fait invoqué est la découverte, dans un sondage, d'un *Ostrea* qui a été rapporté à l'*Ostrea Verneuilli* Leymerie, du garumnien d'Espagne et d'Ausseing. Quelque absolue que soit la compétence en cette matière du savant auteur de la monographie des huitres crétacées, nous ne pouvons nous empêcher de remarquer que c'est là un argument peut-être insuffisant pour combattre les conclusions de M. Lartet. L'*Ostrea Verneuilli* est une espèce sans caractères bien saillants, voisine de certaines espèces de la craie inférieure, et surtout d'une espèce commune dans les couches du gault, à Eddis et autres lieux.

Quoi qu'il en soit, cette question ne paraît pas pouvoir infirmer, en aucune façon, la comparaison avec les grès du Liban, dont la position a été parfaitement constatée par M. Lartet.

Nous avons encore maintenant, pour compléter les renseignements sur le gault d'Algérie, à donner quelques détails sur un de ces gisements du sud, qui forment, comme nous l'avons dit, le troisième facies de l'étage. Au milieu de toutes ces montagnes, qui ont la même composition, nous choisirons la coupe du djebel Batan, auprès d'Eddis, dont nous avons déjà examiné la base dans le chapitre précédent.

Là, quoique l'ensemble de la coupe rappelle bien celle de la maison forestière, les couches fossilifères de la base font, à notre connaissance, complétement défaut. Au-dessus des marnes à orbitolines et des calcaires urgo-aptiens A, que nous avons décrits précédemment, on ne voit que de puissantes assises B de grès blanc et fin, parfois rougeâtre et à éléments un peu plus gros. Ces grès sont surmontés par des argiles bariolées gypseuses C, formant souvent une dépression au-dessous des couches supérieures. Ces argiles, le plus souvent verdâtres, d'une épaisseur variable, commencent, dans leur partie supérieure, à admettre quelques bancs subordonnés de calcaire, puis ceux-ci augmentent rapidement d'épaisseur et finissent par dominer ; ils sont durs, esquilleux, complétement dolomitiques par place et irrégulièrement. Quelques-uns sont siliceux, bréchiformes, veinés de chaux carbonatée cristallisée. Dans ces derniers, on voit, à la surface des bancs, d'assez nombreux gastéropodes, nérinées, actéonelles, etc. Au-dessus d'Eddis, j'ai pu recueillir des blocs de calcaire cristallin, dont la surface est couverte de fossiles bien conservés et surtout d'une turritelle très voisine de *T. Vibrayeana*. Ces morceaux de calcaires rappellent, par leur aspect, les plaques de grès d'Uchaux, si chargées de beaux fossiles.

Entre les bancs de ces calcaires, j'ai découvert, dans une assise de marne verdâtre, un niveau fossilifère riche et assez important, quoique très peu varié en espèces. C'est un banc d'*Ostrea* dont les espèces sont malheureusement inconnues en France. Dans l'une d'elles, la plus abondante, M. Coquand a reconnu son *Ostrea Pantagruelis* de l'aptien d'Espagne.

Une autre, également assez répandue et en bon état, est devenue l'*Ostrea Falco* Coq., dans la monographie des huitres crétacées. Le seul fossile caractéristique et utile recueilli dans ces couches est l'*Heteraster Tissoti* Coq., que nous avons déjà vu

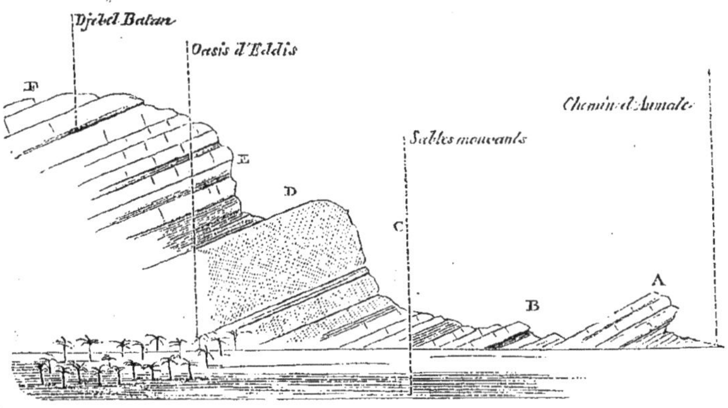

A. Calcaires durs à Orbitolines.
B. Marnes à Orbitolines, *Heteraster oblongus*, etc. etc..
C. Grès blanc, friable, à grains fins.
D. Marnes verdatres gypsifères.
E. Calcaires dolomitiques à gasteropodes et Marnes à *Ostrea* et *Heteraster Tissoti*.
F. Calcaires Cenomaniens à *Ostrea africana Heterodiadema libycum*, etc.

à la maison forestière, et qu'on retrouve également à Kenchela et dans l'Aurès. Cet oursin est à Eddis d'une taille généralement plus petite que ceux de Kenchela, mais il a bien néanmoins tous les caractères de l'espèce. C'est là, en résumé, un lien paléontologique précieux, qui nous permet de rattacher au gault toutes les couches que nous venons d'examiner.

Les couches qui, à Eddis, surmontent immédiatement le niveau à *Ostrea Pantagruelis* et *Heteraster Tissoti*, sont difficiles à explorer, parce qu'elles forment des murailles et corniches abruptes, le plus souvent infranchissables. Ici, comme à la maison forestière, ce sont des calcaires durs, et la correspondance paraît bien établie. Les couches supérieures de la montagne appartiennent d'ailleurs nettement à l'étage cénomanien, et nous retrouvons sur ce point les fossiles si abondants et si caractéristique de cet étage.

A Bou-Saada, même dans la crète appelée Dolat Azedin, j'ai pu explorer les mêmes couches dont je viens de parler, avec plus de facilité, et j'ai mis tous mes soins à rechercher le point de passage du gault au cénomanien, ou du moins, la couche où il convient de placer la ligne de séparation. Malgré un examen très minutieux, je suis resté dans l'indécision. Après avoir retrouvé le banc marneux à *Ostrea Pantagruelis*, qui, caché habituellement par les éboulis, n'est visible que sur d'étroits espaces, vers l'extrémité nord de la colline, j'ai constaté la présence des bancs de calcaire grossier, dur, marmoréen, bréchoïde par places, puis des calcaires avec nérinées et traces de bélemnites, puis de grands bancs puissants, chacun de 3 et 4 mètres, dont les intervalles, un peu marneux et rognoneux, ne renferment que des débris d'huitres.

Cette série, terminée par un banc massif qui forme une barre visible au loin, atteint une cinquantaine de mètres. Un peu plus haut, quelques lits rognoneux présentent des moules de gastéropodes et de bivalves, mais tous très frustes et indéterminables; puis une couche, qui souvent forme le sommet du Dolat Azedin, m'a donné quelques fossiles, notamment le *Pseudodiadema variolare*, mentionné dans ce travail, l'*Echinobrissus angus-*

tior, espèce nouvelle, puis des fragments de *Pygurus*, *Holectypus*, etc.

Jusqu'ici, j'ai placé cette couche fossilifère dans le gault, parce que c'est là, je crois, que M. Brossard a recueilli l'*Ammonites inflatus*, dont j'ai moi-même ramassé quelques fragments (??), et par ceque la vraie faune cénomanienne, si riche et si variée, ne commence que bien au-delà ; mais, néanmoins, je suis encore très incertain de la convenance de cette classification. Il existe là, incontestablement, des espèces cénomaniennes, et notamment l'*Ostrea africana*, qui se développe plus haut très abondamment. Nous pensons donc que, tout en plaçant dans l'étage albien les quelques oursins dont nous venons de parler, il y a lieu de faire à ce sujet de sérieuses réserves.

L'étage albien, arrêté à la couche que nous venons d'examiner, aurait, à Bou-Saada, environ 160 mètres d'épaisseur. C'est une puissance déjà considérable, et, cependant, d'après M. Brossard, l'étage n'aurait pas dans cette localité tout son développement par suite d'une discordance qui existerait entre ses couches et l'étage urgo-aptien.

Pour moi, je pense que cette discordance, que j'appellerai accidentelle, ne commence à être sensible qu'à quelque distance au sud de Bou-Saada.

Elle est tout simplement le résultat d'un mouvement géologique postérieur au dépôt de toutes ces couches, et, par conséquent, n'implique aucunement une interruption sédimentaire, une séparation brusque entre les couches aptiennes et l'étage albien.

Les couches qui, au Dolat Azedin, plongent vers l'ouest, sont au-delà redressées en fond de bateau et plongent en sens inverse. Plus on s'avance au sud de Bou-Saada, plus ce mouvement contraire s'accentue avec énergie. A 3 kilomètres du village, la poussée venant de l'ouest a été telle, que les bancs de calcaires et de grès, glissant sur les argiles intercalées, ont été écrasés et refoulés à l'est, et la série des couches est devenue tout-à-fait incomplète et discontinue. L'explication détaillée de ces dislocations des couches nous ferait sortir du cadre que nous nous sommes imposé dans ce travail.

DESCRIPTION DES ESPÈCES.

HOLASTER SYLVATICUS, Gauthier, 1876.

Pl. V, fig. 1-2.

Longueur	66 millim.
Largeur.	57
Hauteur	50

Espèce de grande taille, ovale, globuleuse, plus longue que large, très élevée et subconique à la face supérieure, à pourtour arrondi et dessous un peu concave.

Appareil apical central, médiocrement développé, mais allongé. Les quatre plaques génitales sont petites et disjointes par l'insertion des plaques ocellaires.

Ambulacre impair semblable aux autres, un peu plus étroit; il s'étend jusqu'au bord. Pores petits, allongés et presque égaux, les intérieurs étant un peu plus courts. L'espace qui sépare les zones porifères, beaucoup plus large que chaque zone, semble nu, sauf quelques tubercules irrégulièrement placés et éloignés les uns des autres. Sillon ambulacraire nul à la face supérieure : au bord antérieur, le test est légèrement sinueux, et il y a une petite dépression à la face inférieure, jusqu'au péristome.

Ambulacres pairs composés de pores semblables à ceux de l'ambulacre impair, bien visibles sur toute la face supérieure, descendant jusqu'au bord, et égaux entre eux.

Péristome excentrique en avant, éloigné du bord antérieur. Il est peu visible dans les exemplaires que nous possédons, et nous n'avons pu en étudier exactement la forme. Périprocte petit, ovale longitudinalement, supramarginal, mais placé très bas et atteignant le bord postérieur. Il n'y a ni aréa, ni troncature.

Tout le test est couvert de tubercules espacés et irrégulièrement disséminés, entre lesquels on distingue une granulation rare et très fine.

Rapports et différences. — L'*Holaster sylvaticus* ressemble, au premier aspect, à certaines variétés oviformes de l'*Echinocorys vulgaris*; mais il s'éloigne de ce genre par son périprocte supra-marginal, quoique placé très bas, par son appareil apical moins développé, par les pores allongés de ses ambulacres, et par la sinuosité du bord antérieur qui, trop peu accusée pour être qualifiée de sillon, n'en est pas moins l'indice certain d'une dépression toujours absente dans les *Echinocorys*. Ce type est certainement exceptionnel parmi les *Holaster*; car il diffère de tous ses congénères, outre l'absence presque complète de sillon antérieur, par sa forme ovale et élevée, par son périprocte presque marginal, et il relie manifestement le genre auquel il appartient aux *Echinocorys* de la craie supérieure. Les formes les plus gibbeuses de l'*Hol. subglobosus* ne reproduisent en rien la physionomie de l'espèce qui nous occupe. M. Coquand a déjà décrit, sous le nom d'*Ananchytes Algira* (1), un *Holaster* très voisin de l'*Hol. sylvaticus* : les détails extérieurs sont les mêmes, et nous avons hésité à séparer les deux espèces. Nous avons constaté toutefois que, dans nos exemplaires, la forme est plus régulièrement ovale, la hauteur proportionnelle constamment plus considérable, et la largeur moindre. Le périprocte paraît aussi un peu plus bas dans l'*Hol. Algirus*. Il existe, en outre, dans la collection de M. Coquand et provenant du cénomanien du Djebel Guessa, un *Hol. Bourguignati*, qui reproduit encore le type de notre *Hol. sylvaticus*, mais qui est beaucoup plus large proportionnellement et presque circulaire à la base. Nous discuterons en temps et lieu cette espèce, qui n'est peut-être qu'une variété de l'*Hol. Algirus*, mais qui, par sa forme arrondie et large, s'éloigne notablement des individus que nous décrivons ici.

Localité. — Maison forestière du Bou-Thaleb, au sud de Sétif. — Trois exemplaires.

Etage albien.

Collections Peron, Gauthier.

Explication des Figures. — Pl. V, fig. 1, *Hol. sylvaticus*, vu de côté ; fig. 2, face supérieure.

(1) *Mém. de la Société d'Émul. de la Provence*, t. II, p. 240, pl. XXVI, fig. 1-2, 1862.

ECHINOSPATANGUS RADULA, Gauthier, 1876.

P. IV, fig. 9-11.

Longueur.	40 millim.
Largeur.	35
Hauteur	24

Espèce ovale, subcordiforme, élargie en avant, et de là se rétrécissant régulièrement jusqu'à l'extrémité postérieure, qui est tronquée et subarrondie. Face supérieure presque plane, légèrement déclive en avant, carénée sur la suture interambulacraire postérieure. Face inférieure plutôt convexe que plate. La face postérieure est à peu près verticale, et se termine en bas par deux saillies légères, divergentes, formées par l'extrémité du plastron.

Appareil apical central et au point culminant. Il est peu étendu, composé de quatre plaques génitales petites et en contact. Le corps madréporiforme est à peine sensible; les deux plaques ocellaires paires antérieures sont en dehors des plaques oviducales; les deux postérieures, au contraire, s'alignent avec celles-ci.

Ambulacre impair logé dans un sillon peu profond et étroit, à peine sensible à l'ambitus. Les pores sont petits et disposés en chevrons.

Ambulacres pairs antérieurs longs, sinueux, ouverts à l'extrémité, placés dans une légère dépression. Les zones porifères sont égales, et les pores de même dimension dans les deux rangées. Ambulacres postérieurs moins longs que les antérieurs, comme eux sinueux, ouverts à l'extrémité, et composés de pores égaux.

Périprocte ovale, au sommet de la troncature postérieure, sans aréa bien distincte. Péristome subcirculaire, peu éloigné du bord, sans dépression. On distingue facilement quelques pores autour de la bouche, et le bord postérieur du péristome est relevé, avec une tendance à la forme labiée. Granulation assez fine à la face supérieure, grossière et peu serrée à la face inférieure, en avant, où les tubercules sont saillants et d'aspect râpeux.

Rapports et différences.— L'*Echinosp. radula* se rapproche de l'*Echinosp. Collegnoi* par sa face supérieure presque plane, par son sommet central, par ses ambulacres pairs logés dans un léger sillon. Il s'en distingue par sa forme moins carrée, plus rétrécie en arrière, plus allongée, par son appareil apical plus étroit, par ses ambulacres pairs un peu plus longs et plus larges, par la position du péristome qui est bien plus en avant, par sa granulation plus grossière à la face inférieure. Si les deux espèces ont plusieurs caractères communs, elles diffèrent beaucoup d'aspect, et ne sauraient être confondues. Notre espèce est très voisine de forme des *Epiaster*. Elle nous a paru devoir être maintenue parmi les *Echinospatangus*, à cause de ses ambulacres pairs sinueux et ouverts à l'extrémité, et de la forme du péristome qui n'est pas réellement labié, quoique ayant une tendance à le devenir.

Localité. — Maison forestière du Bou-Thaleb.

Etage albien.

Collection Gauthier.

Explication des Figures. — Pl. IV, fig. 9, *Echinosp. radula*, vu de côté; fig. 10, face sup.; fig. 11, face inf.

Epiaster incisus, Coquand (manuscrit).

Epiaster incisus. — Brossard, *Essai sur la const. de la subdiv. de Sétif*, p. 214, 1867.

Pl. V, fig. 3-6.

Longueur.	37 millim.	Autre exemplaire	45 millim.
Largeur.	34	—	41
Hauteur	23	—	32

Espèce de taille moyenne, subhexagonale, allongée, renflée à la partie supérieure, un peu convexe en-dessous, surtout le plastron, échancrée en avant, tronquée carrément en arrière. Sommet à peu près central; de là jusqu'à la troncature postérieure l'aire interambulacraire forme une carène, assez accusée sur bon nombre d'exemplaires.

Appareil apical petit, compacte, composé de quatre plaques génitales de petite dimension, qu'entourent les plaques ocellaires.

Ambulacres larges et dans une dépression assez profonde. L'ambulacre impair diffère des autres. Le sillon, largement creusé, entame l'ambitus et se continue jusqu'au péristome. Pores petits et disposés en chevrons, L'espace qui sépare les zones porifères est large et couvert d'une granulation fine et régulière.

Ambulacres pairs antérieurs longs, formés de deux zones à peu près égales en largeur, dont les pores sont allongés et égaux. Ambulacres postérieurs analogues aux antérieurs, mais un peu moins longs. Les pores se continuent en dehors de l'étoile ambulacraire jusqu'à la bouche ; ils sont alors petits et très écartés.

Péristome bilabié, assez éloigné du bord. Périprocte ovale, longitudinal, au sommet d'une aréa coupée verticalement. Granulation serrée, couvrant également tout le test.

Remarque. — La description que nous venons de donner convient à la majorité des exemplaires recueillis : la profondeur des sillons ambulacraires, la carène vive qui va du sommet à la région anale donnent à la face supérieure une apparence anguleuse, mais cette physionomie n'est pas invariable. Dans quelques individus, les sillons sont moins creusés, la carène est moins accusée, et l'ensemble diffère un peu d'aspect. En prenant les types extrêmes, on serait tenté d'en faire deux espèces distinctes; mais les types intermédiaires, que l'on peut suivre à tous les degrés, relient ces formes divergentes, et nous ont conduit à les réunir sans hésiter.

Rapports et différences. — Nous avons indiqué, en décrivant l'*Ep. restrictus*, les caractères qui le distinguent de l'*Ep. incisus*. Cette dernière espèce est assez voisine de l'*Ep. distinctus*, d'Orbigny ; elle s'en éloigne par son pourtour plus anguleux, par sa plus grande largeur plus en avant, par son sommet plus central, par ses ambulacres plus larges et plus creusés. Même les individus dans lesquels ces sillons sont moins profonds conservent une physionomie particulière qui permet de les distinguer facilement. On pourrait aussi rapprocher l'*Ep. incisus* de l'*Ep.*

polygonus, d'Orbigny, mais les différences sont encore plus considérables: la forme est plus étroite et plus haute, la partie postérieure coupée plus carrément, et les ambulacres ont une disposition tout autre, qui ne laisse aucune analogie entre ces deux espèces.

Localité. — Maison forestière du Bou-Thaleb. — Abondant. Etage albien.

Collections Coquand, Gauthier, Peron, Cotteau, Le Mesle.

Explication des Figures. — Pl. V, fig. 3, *Epiaster incisus*, vu de côté; fig. 4, face sup.; fig. 5, face inf.; fig. 6, individu de grand taille, vu sur la face sup.

Epiaster variosulcatus, Gauthier, 1876.

Pl. VI, fig. 1-2.

Longueur.	64 millim.	Autre exemplaire	60 millim.
Largeur.	62	—	60
Hauteur.	42	—	42

Espèce de grande taille, renflée, arrondie au pourtour, tronquée obtusément en arrière. Le profil longitudinal s'élève d'une manière abrupte en avant, s'arrondit au milieu, puis descend en pente assez rapide vers la partie postérieure. Dessous convexe.

Sommet excentrique en avant. Appareil apical peu développé, compacte, composé de quatre plaques génitales petites, en contact. Le corps, madréporiforme, occupe le centre. Les pores oviducaux sont plus écartés en arrière, et le pore postérieur du côté droit dévie un peu de l'alignement.

Ambulacre impair plus étroit que les autres, logé dans un sillon qui entame assez profondément l'ambitus et va sans interruption du sommet à la bouche. Les pores sont presque égaux, allongés, rapprochés, et ont une tendance à se disposer en chevrons dans quelques exemplaires. L'espace qui sépare les zones porifères est aussi large que dans les ambulacres pairs.

Ambulacres pairs très longs et très larges, égaux entre eux, logés dans une dépression plus ou moins profonde. Les pores sont allongés, égaux, et les zones porifères séparées par un espace assez large.

Péristome médiocrement éloigné du bord. Périprocte ovale verticalement, situé à la face postérieure, qui est surbaissée et plutôt arrondie que coupée carrément. Tubercules petits, peu serrés, répandus également sur tout le test.

Remarque. — La profondeur des sillons ambulacraires varie beaucoup dans cette espèce. Dans la plupart des exemplaires, ils sont médiocrement creusés ; dans quelques-uns, la dépression est à peine sensible ; dans d'autres, elle est profonde. La longueur des ambulacres varie également un peu : ils s'étendent parfois presque jusqu'au bord ; et dans un de nos exemplaires, la longueur des ambulacres postérieurs atteint 37 mill. La largeur elle-même n'est pas toujours constante, mais ce cas est plus rare. Nous avons constaté sur un de nos échantillons que les ambulacres pairs mesurent jusqu'à 9 mill. de largeur. Malgré ces variations, il est facile de reconnaître que tous nos exemplaires appartiennent à un même type spécifique, car des formes intermédiaires les relient tous les uns aux autres.

Rapports et différences. — Par la longueur et la largeur des ambulacres, par son sommet excentrique en avant, l'*Ep. variosulcatus* se rapproche de l'*Ep. Vattoni*, Coquand. La taille est plus grande et la forme différente. Notre espèce est bien plus élevée et plus renflée, et c'est un des caractères les plus constants dans tous les exemplaires. La face postérieure est tronquée bien moins carrément ; le périprocte est placée un peu moins haut, bien que la hauteur du test soit plus considérable. Les deux espèces se distinguent facilement l'une de l'autre, malgré des affinités incontestables.

Localité. — Maison forestière du Bou-Thaleb. — Assez commun.

Étage albien.

Collections Gauthier, Peron, Cotteau.

Explication des Figures. — Pl. VI, fig. 1, *Epiaster variosulcatus*, vu de côté ; fig. 2, face sup.

Epiaster Thomasi, Gauthier, 1876.

Pl. VI, fig. 3-5.

Longueur.	42 millim.
Largeur.	37
Hauteur	27

Espèce oblongue, assez large, renflée, un peu rétrécie en arrière, régulièrement arrondie à la face supérieure, convexe en dessous.

Sommet subcentral, plutôt en avant. Appareil apical compacte et peu étendu. Ambulacre impair logé dans une dépression peu profonde, évasée, échancrant à peine l'ambitus, et se prolongeant du sommet à la bouche. Pores allongés, obliques, ayant une tendance à se disposer en chevrons. L'espace qui sépare les zones est large, et porte des tubercules relativement assez gros et irrégulièrement placés.

Ambulacres pairs longs et presque égaux, les postérieurs un peu plus courts, subpétaloïdes, dans une dépression peu profonde. Zones porifères égales, séparées par un intervalle peu considérable. Les pores sont allongés et égaux.

Périprocte ovale longitudinalement, au sommet de la face postérieure, qui est plutôt arrondie que tronquée. Péristome bilabié, à fleur du test, au quart antérieur. Tubercules répandus uniformément sur toute la surface du test, de grosseur variable, n'augmentant pas de volume à la face inférieure.

Rapports et différences. — L'*Epiaster Thomasi* est voisin de l'*Ep. trigonalis*, d'Orbigny, dont il a les ambulacres longs et peu creusés, et l'aspect arrondi et non anguleux à la face supérieure; il s'en distingue par sa forme ovale et non triangulaire, moins surbaissée en avant et en arrière, par sa plus grande largeur moins en avant, par son dessous plus convexe, par ses ambulacres pairs presque égaux en longueur, à zones porifères égales, par ses tubercules n'augmentant pas de volume à la face inférieure.

Localité. — Berouaguiah (3 kilomètres N.-E, de la Smalah), département d'Alger.

Étage albien.

Collections Thomas, Peron.

Explication des Figures. — Pl. VI, fig. 3, *Epiaster Thomasi*, vu de côté ; fig. 4, face supérieure ; fig. 5, face inférieure.

Epiaster pedicellatus, Gauthier, 1876.

Pl. VII, fig. 1.

Longueur.	85 millim.
Largeur	86
Hauteur	50

Espèce de très-grande taille, fortement élargie, renflée au pourtour, arrondie à la partie supérieure, convexe en dessous. La plus grande largeur est au tiers antérieur. La partie postérieure, quoique rétrécie, reste néanmoins assez large.

Sommet excentrique en avant. Ambulacre impair logé dans un sillon assez étroit, médiocrement creusé, mais qui échancre assez fortement l'ambitus, et s'étend sans interruption du sommet à la bouche. Les pores, peu visibles dans notre unique exemplaire, nous paraissent allongés, mais moins grands que ceux des autres ambulacres.

Ambulacres pairs longs et larges, assez ouverts à l'extrémité. Ils sont logés dans des sillons évasés et de médiocre profondeur. Les postérieurs sont un peu plus courts que les antérieurs. Zones porifères larges et égales ; pores allongés, de même grandeur entre eux ; l'espace qui sépare les zones est assez restreint. Entre chaque paire de pores se trouve une ligne parallèle de granules, au nombre de cinq ou six.

Nous n'avons pu constater ni la place, ni la forme du périprocte, la face postérieure de l'exemplaire étant écrasée. Le péristome n'est pas visible non plus, mais il était peu éloigné du bord antérieur.

Tubercules petits, très nombreux, répandus régulièrement sur toute la surface du test, et n'augmentant guère de volume à la face inférieure. Entre les tubercules se trouve une granulation extrêmement fine et serrée, parfaitement homogène. Les granules qui portaient les pédicellaires, plus fins que les autres et plus serrés, ont une tendance à se grouper à l'extrémité des ambulacres, où ils forment un grand nombre de petites rangées parallèles microscopiques. On peut même suivre ces rangées entre les différentes branches de l'étoile ambulacraire ; elles sont presque constamment visibles. Elles ne forment pas cependant un véritable fasciole, car elles sont entremêlées de tubercules, et moins nettement dessinées que dans le genre *Hemiaster*. Mais cette disposition est extrêmement remarquable, et nous a fait hésiter quelque temps entre les deux genres.

Rapports et différences. — Nous ne possédons qu'un exemplaire de cette magnifique espèce, et il est un peu déformé ; peut-être même cette déformation nous a-t-elle fait exagérer légèrement la largeur dans les dimensions données plus haut. L'*Epiaster pedicellatus* se rapproche, par son sommet excentrique en avant, par la longueur et la largeur de ses ambulacres, des *Ep. Vattoni* et *variosulcatus*. La forme en est plus large, surtout en arrière, et les ambulacres postérieurs sont relativement un peu moins longs. Mais ce qui distingue surtout cette espèce des deux autres, c'est la granulation si serrée et homogène qui couvre tout le test. Nous avons vu, dans la collection de M. Coquand, l'exemplaire type de l'*Ep. Vattoni* : il est d'une conservation admirable, mais ni les tubercules, ni les granules, n'ont la même disposition que dans l'*Ep. pedicellatus*.

Localité. — Berouaguiah.
Étage albien.
Collections Thomas.

Explication des Figures. — Pl. VII, fig. 1, *Epiaster pedicellatus*, vu sur la face supérieure.

Hemiaster numidicus, Gauthier, 1876.
Pl. VII, fig. 2-4.

Longueur	31 millim.
Largeur.	30
Hauteur	23

Espèce presque aussi large que longue, médiocrement rétrécie en arrière, renflée à la partie postérieure, à peu près plate en dessous, tronquée verticalement à la partie postérieure.

Sommet excentrique en arrière : de là le test est assez fortement déclive en avant, et la partie qui sépare le sommet du périprocte est carénée.

Appareil apical petit, composé de quatre plaques génitales peu développées, et de cinq plaques ocellaires. Le centre est occupé par le corps madréporiforme rattaché à la plaque antérieure de droite ; les pores ocellaires sont complétement en dehors des pores oviducaux, autour desquels ils forment comme un cercle irrégulier.

Ambulacre impair étroit, logé dans un sillon peu évasé, assez nettement marqué près du sommet, mais s'effaçant vers l'ambitus, où il est à peine sensible. Zones porifères étroites, composées de pores petits, obliques et serrés.

Ambulacres pairs, logés dans des sillons assez profonds, arrondis à l'extrémité. Ils sont de médiocre largeur, assez longs, les postérieurs, un peu plus courts que les antérieurs. Zones porifères égales, composées de pores allongés et égaux. Le bord des sillons ambulacraires est couvert de tubercules peu volumineux.

Périprocte situé au haut de la troncature postérieure, ovale et acuminé. Péristome grand, bilabié, peu éloigné du bord antérieur, à fleur du test. Granulation assez homogène, un peu plus grosse en dessous.

Rapports et différences. — Ce n'est que par approximation que nous rangeons cette espèce dans le genre *Hemiaster*, car il nous a été impossible de découvrir les traces du fasciole péripétale sur nos exemplaires un peu usés. Le test nous a semblé trop large et trop arrondi pour appartenir au genre *Epiaster*. L'*Hemiaster numidicus* se rapproche de certains exemplaires jeunes de l'*Hem. Batnensis* Coquand ; il est plus renflé, plus épais en arrière, plus large en avant; le sillon antérieur est moins évasé, et entame moins fortement l'ambitus. Nos exemplaires ont été recueillis avec l'*Epiaster incisus*, mais on ne saurait les confondre avec ceux-ci ; car ils s'en distinguent par leur forme beaucoup moins allongée, beaucoup moins resserrée en arrière, par leur sommet moins central, par leur face postérieure coupée moins carrément et moins oblique.

Localité. — Maison forestière du djebel Bou Thaleb. Rare. Étage albien.

Collection Peron.

Explication des Figures. — Pl. VII, fig. 2, *Hemiaster Numidicus*, vu de côté; fig. 3, face supérieure ; fig. 4, face inférieure.

Hemiaster aumalensis, Coquand, 1862.

Hemiaster aumalensis, Coquand, *Mémoires de la Soc. d'émul. de la Provence*, t. II, p. 249; pl. XXVI, fig. 9-11, 1862.
— — Peron, *Bulletin de la Soc. géolog.*, t. XXIII, p. 694, 1866.
— — Nicaise, *Catal. des anim. foss. de la Prov. d'Alger*, p. 65, 1870.

Espèce large, assez élevée à la partie postérieure où elle est tronquée, déclive d'arrière en avant, renflée au pourtour, plate en dessous, sauf le plastron, qui est convexe.

Sommet excentrique en arrière. Appareil apical peu développé ; les plaques sont petites, et par suite les pores oviducaux très rapprochés.

Ambulacre impair étroit, logé dans un sillon peu profond, qui s'atténue à mesure qu'il se rapproche de l'ambitus. Les pores sont petits et obliques, et l'espace qui sépare les zones porifères peu considérable.

Ambulacres pairs pétaloïdes, logés dans une dépression médiocre, inégaux, plus longs d'un tiers en avant. Les pores sont à peu près égaux, petits, allongés. Les zones porifères sont légèrement inégales, celle d'avant étant un peu plus étroite dans les ambulacres antérieurs, et un peu plus large dans les postérieurs. Une ligne de granules sépare les paires de pores.

Péristome assez éloigné du bord, dans une légère dépression du test. Périprocte ovale, tout à fait au sommet de la face postérieure. Le fasciole péripétale est peu sinueux, et passe à l'extrémité des ambulacres.

Remarque. — Les exemplaires que nous décrivons ont été recueillis à un horizon inférieur à celui auquel on a d'abord rencontré l'espèce. Il nous a été néanmoins impossible de les séparer spécifiquement des échantillons rhotomagiens d'Aumale : tous les caractères importants sont exactement les mêmes. Nous ajouterons toutefois que dans la majorité des exemplaires de l'albien, le sillon antérieur est un peu moins étranglé et s'évase davantage en se rapprochant de l'ambitus. En outre, dans plusieurs de ceux qu'on a recueillis dans le cénomanien d'Aumale, les ambulacres postérieurs ont une tendance à s'élargir. Mais ces différences, peu sensibles d'ailleurs, ne peuvent suffire à établir une distinction spécifique.

Rapports et différences. — L'*Hemiaster Aumalensis* est très voisin de l'*Hem. minimus*, Desor ; il ne s'en distingue que par ses ambulacres un peu plus longs et plus enfoncés, et par sa forme moins élevée à la partie postérieure. Les exemplaires provenant de la maison forestière nous ont fort embarrassé : devions-nous les réunir à l'*Hem. minimus*, au niveau duquel ils ont vécu ? Devions-nous les rapporter à l'*Hem. Aumalensis*, avec lequel ils nous paraissaient avoir plus d'affinités ? Nous nous sommes arrêté à ce dernier parti, après les avoir comparés au type de l'*Hem. Aumalensis*, figuré par M. Coquand, et provenant de l'étage rhotomagien d'Aumale. Les exemplaires de taille moyenne n'offrent, en effet, aucune différence appréciable. Si dans quelques individus plus grands, recueillis à Aumale par M. Peron, les ambulacres postérieurs tendent à s'élargir sensiblement, cette tendance n'est pas constante, et n'existe pas dans les échantillons de la collection de M. Coquand. Il est certain que les différences qui distinguent nos exemplaires albiens de l'*Hem. minimus*, sont plus considérables que celles qui les séparent des exemplaires rhotomagiens d'Aumale. Nous aurons d'ailleurs à revenir sur ces particularités en décrivant les individus de l'étage cénomanien.

M. Thomas a trouvé à Berouaguiah, dans les couches albiennes, de petits échinides appartenant au genre *Hemiaster*, et qui nous paraissent des jeunes de l'*Hem. Aumalensis*. Ces exemplaires, parfois bien conservés, nous ont permis d'étudier quelques détails, moins visibles sur les échantillons un peu frustes de la maison forestière. Les pores des ambulacres pairs sont allongés transversalement en forme de larmes, et le pourtour du pore est marqué par un bourrelet saillant. Entre chaque pore de la même paire, mais un peu au-dessous, se trouve une légère incision transversale, qui n'est peut-être qu'une dépression déterminée par les bourrelets des pores. Cette dépression persiste dans les grands exemplaires quand ils sont bien conservés, et il est facile d'en retrouver des traces sur les échantillons plus usés dont les ambulacres sont bien dégagés. Le reste du test de ces jeunes individus est très-granuleux, et des tubercules, relativement gros, sont épars au milieu des granules. Ces échantillons, vu leur petite taille et le développement encore imparfait de leurs caractères, pourraient aussi être rapportés à l'*Hem. minimus* : à cet âge, les deux espèces ne nous paraissent pas faciles à distinguer. Les exemplaires de Berouaguiah sont un peu moins élevés en arrière que les individus de même taille recueillis à la Perte du Rhône et à Clar ; c'est pour cette raison que nous croyons pouvoir les rapporter à l'*Hem. Aumalensis* ; mais on comprendra aisément notre réserve.

Localité. — Maison forestière du djebel bou Thaleb. Berouaguiah.

Etage albien.

Collections Peron, Gauthier, Le Mesle, Thomas.

Hemiaster densigranum, Gauthier, 1876.

Hemiaster nov. sp., Peron, *Bull. de la Soc. géol.*, t. XXIII, p. 689. 1866.
— Nicaise, *Catal. des anim. foss. de la Prov. d'Alger*, p. 53, 1870.

Longueur. . . . . 45 millim.
Largeur. 40

Forme allongée, ovale, peu renflée, déprimée en avant, rétrécie en arrière. Sommet subcentral, rejeté un peu vers la partie postérieure.

Ambulacre impair logé dans un sillon profond, qui entame sensiblement l'ambitus, et dont les bords sont garnis de tubercules relativement assez gros, crénelés et perforés.

Ambulacres pairs longs et larges, dans des sillons assez fortement creusés. Les pores sont à peu près égaux, allongés ; les zones porifères, larges, laissent entre elles un espace assez considérable. Les ambulacres postérieurs sont peu divergents. Le fasciole péripétale est large et passe à l'extrémité des ambulacres. Granulation très abondante, couvrant toute la surface du test, auquel elle donne un aspect chagriné.

Remarque. — Nous possédons six exemplaires de cette espèce : tous sont en mauvais état, écrasés et déformés ; il nous a donc été impossible d'en donner une description bien complète. Tels qu'ils sont, ils nous paraissent former une espèce distincte, voisine par la longueur de ses ambulacres de l'*Hemiaster Batnensis* Coquand, mais en différant par ses sillons ambulacraires plus profonds, par ses zones porifères plus larges, par le sillon antérieur moins évasé et plus creusé, par la partie antérieure plus déprimée, par sa granulation plus serrée et ses tubercules plus fins, plus homogènes et plus nombreux. Toutefois, cette espèce ne sera bien connue que lorsque des recherches plus heureuses permettront d'étudier plus minutieusement les détails sur des exemplaires mieux conservés.

Localité. — Aïn Beurni, au N.-E. d'Aumale. Berouaguiah, à 3 kil. N.-E. de la Smalah.

Etage albien.

Collections Peron, Thomas.

Nous nous réservons de faire figurer cette espèce dans le supplément, lorsque nous aurons sous les yeux des exemplaires mieux conservés.

ECHINOBRISSUS ANGUSTIOR, Gauthier, 1876.

M. Peron a recueilli à Dolat-Azdin, dans des couches intermédiaires entre l'aptien et le cénomanien, un petit *Echinobrissus* assez abondant, mais généralement mal conservé. Nous n'en donnerons ici qu'une description succincte, parce qu'on le retrouve beaucoup plus beau dans le cénomanien, et que nous préférons faire figurer un des individus de cet étage. Voici les principaux caractères :

Forme large, peu élevée, moins épaisse relativement dans les jeunes que dans les adultes, médiocrement rétrécie et arrondie en avant, élargie et carrée en arrière. Dessous concave, avec une dépression assez forte autour du péristome. Dessus arrondi, déclive à la partie postérieure et à la partie antérieure. Sommet excentrique en avant.

Ambulacres assez larges, composés de pores petits, conjugués, les extérieurs allongés.

Péristome pentagonal, grand, entouré d'un floscelle assez apparent. Périprocte ovale, médiocre, au sommet d'un sillon assez creusé, mais étroit, et qui ne s'évase que très peu en approchant du bord.

Rapports et différences. — L'*Echinobrissus angustior* est très voisin de l'*Echin. Eddisensis.* La forme générale est presque la même. Il s'en distingue cependant par sa face supérieure un peu plus arrondie, moins déclive en arrière, surtout dans les adultes, par sa partie antérieure un peu plus resserrée, par son sillon anal moins évasé près du bord. Le périprocte est aussi un peu plus haut. Il s'éloigne de l'*Echin. subquadratus* d'Orb., par sa forme beaucoup moins allongée et son sillon anal plus étroit.

LOCALITÉ. Dolat-Azdin, à l'ouest de Bou Saada, département d'Alger.

Etage albien.

Collection Peron.

ECHINOCONUS TUMIDUS, Gauthier, 1876.
Pl. VII, fig. 5.

Longueur.	57 millim.
Largeur.	55
Hauteur	41

Espèce de grande taille, renflée, subconique à la face supérieure, quoiqu'elle soit plus rétrécie à la base qu'au milieu de la hauteur, arrondie au pourtour, presque aussi large que longue. La face inférieure est complètement plate, sans dépression autour du péristome, nettement pentagonale, avec la plus grande largeur en face des ambulacres pairs antérieurs; le bord est arrondi et non tranchant.

Sommet légèrement excentrique en avant. Appareil apical invisible dans nos exemplaires.

Aires ambulacraires assez larges, non renflées, avec zones porifères très étroites, formées de simples paires de pores superposées directement. A la face inférieure, les pores sont moins réguliers, dévient de la ligne droite, mais ne paraissent pas bigéminés.

Péristome central, à fleur du test, de grandeur médiocre. Périprocte marginal, également partagé entre la partie inférieure et la partie supérieure, ovale et assez grand. Tubercules très espacés à la partie supérieure, disposés sans ordre apparent sur tout le test, plus serrés en dessous.

Rapports et différences. — L'*Echinoconus tumidus* se distingue de l'*Echin. Soubellensis* par sa forme beaucoup moins allongée, plus haute, et par ses pores ambulacraires moins multipliés à la face inférieure. Il est plus voisin des grands exemplaires de l'*Echin. castanea*, avec lesquels cependant on ne saurait le confondre. Il s'en éloigne par sa taille plus grande, sa forme plus élevée, plus renflée et moins longue proportionnellement, son dessous complètement plat, son péristome à fleur du test. Il est moins conique que l'*Echin. mixtus*, qui d'ailleurs nous paraît une espèce encore mal définie ; le bord inférieur est plus arrondi et la base plus large. On peut aussi le comparer, à cause de sa taille, à l'*Echin. gigas*, Cotteau ; il s'en distingue par sa forme un peu plus rétrécie à la base qu'au milieu, par sa hauteur moins considérable, par ses tubercules beaucoup moins serrés à la face supérieure.

Localité. — Maison forestière du Bou Thaleb. Rare.

Etage albien.

Collection Gauthier.

Explication des Figures. — Pl. VII, fig. 5, *Echinoconus tumidus*, vu de côté.

Discoidea conica, Desor, 1842.

Les deux exemplaires que nous rapportons à cette espèce ont une forme arrondie à la partie supérieure, l'ambitus circulaire, la face inférieure plate, mais ondulée par suite du renflement des aires ambulacraires ; le péristome n'est que médiocrement enfoncé.

Appareil apical saillant, granuleux, composé de quatre plaques génitales perforées et d'une plaque complémentaire imperforée ; les plaques ocellaires s'intercalent dans les angles. Aires ambulacraires assez larges. Zones porifères étroites, formées de pores serrés, superposés par simples paires, ne se multipliant pas à la surface inférieure.

Périprocte ovale, acuminé, à peu près à égale distance de la bouche et du bord. Péristome subdécagonal, entaillé, dans une dépression peu considérable du test. Tubercules crénelés et perforés, très nombreux à l'ambitus, où ils forment plusieurs rangées verticales, qui ne persistent pas toutes jusqu'au sommet.

Remarque. — Nos exemplaires n'ont pas la forme conique qui est assez fréquente dans cette espèce, mais la physionomie de ceux qu'on rencontre en France est très-variable, et il n'est pas rare de trouver des formes analogues à celle que nous mentionnons. Nous n'avons pas pu constater la profondeur des incisions marginales, n'ayant point à notre disposition de moule intérieur. Tous les autres détails concordent avec ceux du type spécifique, et nous ne croyons pas avoir à hésiter sur la détermination de ces échantillons.

LOCALITÉ. — Berouaguiah, à 3 kil. nord-est de la Smalah. — Rare.

Etage albien.

Collection Thomas.

HOLECTYPUS MESLEI, Gauthier, 1876.

Pl. VIII, fig. 1-4.

Diamètre	70 millim.
Hauteur	36
Diamètre du péristome.	11
Longueur du périprocte	8

Espèce de grande taille, hémisphérique, surbaissée à la face supérieure; face inférieure à peu près plate, plus ou moins ondulée par suite du renflement des aires ambulacraires, à peine déprimée autour du péristome; bord arrondi.

Sommet central. Appareil apical compacte, composé de cinq plaques génitales lancéolées, et de cinq plaques ocellaires très petites, intercalées dans les angles. Corps madréporiforme d'apparence spongieuse.

Aires ambulacraires de médiocre largeur, portant à l'ambitus quatre rangées de tubercules crénelés et perforés. Les deux rangées externes, très rapprochées du bord de l'ambulacre, sont seules régulières et montent jusqu'au sommet. Zones porifères étroites, composées à la face supérieure de pores directement superposés par simples paires. A la face inférieure, les pores se multiplient considérablement, et forment même trois rangées confuses.

Aires interambulacraires larges, portant au pourtour jusqu'à dix rangées de tubercules semblables à ceux de l'ambulacre. Ces rangées se réduisent, à la face supérieure, à deux principales qui montent jusqu'au sommet. Deux rangées secondaires externes et deux internes n'atteignent pas complètement l'appareil apical. Les tubercules ne diminuent point de volume en approchant du sommet, de telle sorte que cette partie du test paraît en porter un plus grand nombre que le reste. La face inférieure en est également bien garnie.

Péristome central, subdécagonal, un peu enfoncé. Périprocte relativement petit, ovale, arrondi aux extrémités, également éloigné du bord et de la bouche. Granulation assez grossière, peu serrée, disséminée sans ordre apparent, formant parfois des cercles incomplets et irréguliers autour des plus gros tubercules.

Rapports et différences. — Ce n'est pas sans hésitation que nous inscrivons cette magnifique espèce parmi les *Holectypus* ; car sa physionomie l'éloigne complètement de tous ses congénères. La forme est bien plutôt celle des Discoïdées, auxquelles semblent encore la rattacher le dessous à peu près plat, et surtout la petitesse du périprocte, bien moins développé relativement que dans toutes les espèces du genre *Holectypus*. Mais le pourtour n'a pas les cloisons internes si caractéristiques du genre *Discoidea*, qui laissent dans le moule intérieur des incisions plus ou moins profondes. Nous avions songé d'abord à faire de nos exemplaires le type d'un genre nouveau ; nous avons renoncé à cette idée. Les seuls caractères différentiels eussent été la multiplication considérable des pores à la face inférieure, et la petitesse du périprocte. Or, il nous a semblé insuffisant de donner pour base à une nouvelle coupe générique les dimensions du périprocte. Quant à la multiplication des pores, elle existe, beaucoup moins accentuée, il est vrai, dans presque tous les *Holectypus*, dont les zones porifères s'élargissent à l'approche du péristome. Il n'y a donc qu'une différence de degré. D'ailleurs, dans les exemplaires jeunes de l'*Holectypus Meslei*, les pores sont moins nombreux, à la face inférieure, que dans les individus de grande taille. Ainsi, nous avons rangé notre espèce parmi les *Holectypus* en reconnaissant qu'elle forme dans ce genre un type exceptionnel, auquel il ne manque que les cloisons du pourtour pour être compté sans hésitation parmi les *Discoidea*.

Localité. — Maison forestière du Bou Thaleb. Assez commun. Étage albien.

Collections Gauthier, Peron, Le Mesle.

Explication des Figures. — Pl. VIII, fig. 1, *Holectypus Meslei*, vu de côté; fig. 2, face supérieure; fig. 3, région anale; fig. 4, appareil apical et sommet de la face supérieure grossis.

Cidaris malum, A. Gras, 1848.

Forme assez élevée, déprimée en dessus et en dessous, arrondie au pourtour.

Ambulacres sinueux et assez larges. Zones porifères dans une légère dépression; les pores sont séparés par un renflement granuliforme. L'espace qui sépare le deux zones est occupé par de nombreux granules, assez peu réguliers, formant quatre rangées près du péristome et six à l'ambitus.

Aires interambulacraires portant deux rangées de cinq tubercules assez gros, non crénelés, entourés de scrobicules assez profonds. Les cercles scrobiculaires se touchent à la face inférieure, mais en dessus les tubercules sont très écartés. L'intervalle est rempli par une granulation serrée et homogène. Le dernier tubercule du haut est plus ou moins atrophié, et le cercle scrobiculaire à peine sensible. Zone miliaire assez large, très granuleuse.

Péristome de médiocre grandeur, subcirculaire.

Remarque. — Nous n'avons, pour décrire cette espèce, qu'un exemplaire, dont la conservation est loin d'être parfaite. Nous croyons néanmoins y reconnaître tous les caractères du *Cid. malum*. Il est vrai qu'on pourrait aussi le rapporter au *Cid. vesiculosa*, Goldfuss, qui en est extrêmement voisin. Les granules ambulacraires nous ont paru un peu moins réguliers que dans cette dernière espèce. Toutefois, la question ne pourra être définitivement résolue qu'avec des matériaux meilleurs que ceux que nous possédons en ce moment.

Localité. — Maison forestière du Bou-Thaleb.

Etage albien.

Collection Gauthier.

Cidaris baculina, Gauthier, 1876.

Pl. VIII, fig. 5-8.

Radiole long, mince et cylindrique, paraissant à peine diminuer de volume à l'extrémité. Tige couverte de rangées de granules ou de très petites épines mousses, plus ou moins régulièrement disposées. L'intervalle qui sépare les rangées est couvert de stries longitudinales très fines. Collerette longue, striée longitudinalement ; bouton très saillant. Facette articulaire fortement crénelée.

Avec ces radioles, M. Thomas, qui a bien voulu nous les communiquer, a recueilli une plaquette de *Cidaris*, qui appartient peut-être à la même espèce. Le tubercule est saillant, mais de médiocre grosseur, perforé et crénelé. Le scrobicule est peu profond et peu étendu. La granulation est fine, homogène, peu serrée.

Rapports et différences. — Les radioles du *Cidaris baculina* ressemblent, quant à la forme générale, à ceux du *Cid. spinigera* ; mais ils s'en distinguent très-facilement par l'absence d'épines longues et sporadiques. Ils ont aussi quelque analogie avec les radioles du *Cid Jullieni* et du *Cid Lardyi*. Ils sont beaucoup plus longs et moins épais que dans ces deux espèces ; la collerette est plus allongée, le bouton plus saillant. Il n'est pas possible de les confondre.

Localité. — Le *Cid. baculina* a été recueilli par M. Thomas, à 4 kilomètres nord-est de la Smalah de Berouaguiah.

Etage albien.

Collection Thomas.

Explication des Figures. — Pl. VIII, fig. 5, 6 et 7, fragments de radiole du *Cidaris baculina* ; fig. 8, portion grossie.

SALENIA PERONI, Cotteau. 1867.

SALENIA NOV. SP., Peron, *Bulletin de la Soc. géol.*, 2e série, t. XXIII, p. 689. 1866.
— PERONI, Cotteau, *Échinides nouv. ou peu connus*, p. 130, pl. XVII, fig. 10-12. (*Revue et Magasin de Zoologie*, 1867).

Espèce de taille moyenne, circulaire, élevée à la partie supérieure, plate en dessous.

Appareil apical grand, faisant saillie au-dessus du test, d'apparence presque lisse. Les cinq plaques génitales sont subpentagonales, perforées au milieu. Le bord externe de ces plaques est marqué d'un grand nombre d'impressions, qui lui donnent un aspect frangé. Le pore oviducal est entouré d'un bourrelet, et sur la plaque antérieure de droite, le pourtour de ce pore a une apparence spongieuse : c'est sans aucun doute un rudiment de corps madréporiforme. La plaque suranale occupe le milieu de l'appareil ; elle est pentagonale, mais échancrée par le périprocte. Les plaques ocellaires sont assez développées, et s'intercalent dans les angles des plaques génitales. Impressions suturales peu nombreuses, se composant d'un point aux angles, et de quelques sillons transversaux, presque effacés.

Aires ambulacraires assez larges, portant deux rangées de douze à quatorze granules homogènes et arrondis. L'intervalle qui sépare les rangées est occupé par une granulation plus fine et irrégulière. Zones porifères subsinueuses, composées de paires de pores simples, mais se multipliant un peu près du péristome.

Aires interambulacraires relativement étroites, portant deux rangées de quatre à cinq tubercules, petits près du péristome et de l'appareil apical, gros, crénelés et imperforés au pourtour. Les scrobicules sont entourés d'un cercle de granules incomplet du côté des ambulacres. Zone miliaire étroite et resserrée entre les cercles des scrobicules, portant à peine quelques granules très fins.

Péristome médiocrement développé, subcirculaire, entaillé à fleur du test.

Rapports et différences. — Cette espèce se distingue facilement de ses congénères par sa forme élevée, ses aires interambulacraires étroites, et surtout par la bordure frangée et dentelée des plaques génitales.

Localité. — Col d'Aïn Berni, sur la route d'Aumale à Beni Mansour.

Etage albien, couche à *Terebratula Dutemplei*. — Rare.

Collections Peron, Cotteau.

Pseudodiadema variolare (Brongniart), Cotteau, 1864.

Individus de taille moyenne, plus ou moins renflés à la partie supérieure, déprimés en dessus et en dessous, creusés autour du péristome.

Appareil apical détruit, mais assez grand, à en juger par l'empreinte qu'il a laissée. Aires ambulacraires de médiocre largeur, portant deux rangées de tubercules crénelés et perforés, au nombre de seize ou dix-sept par rangée. L'intervalle est occupé par des granules peu nombreux. Zones porifères à peu près droites, composées de pores fortement bigéminés sur toute la partie supérieure, superposés par simples paires à l'ambitus et en dessous.

Aires interambulacraires larges, portant deux rangées principales de tubercules semblables à ceux de l'ambulacre, et, de chaque côté, deux autres rangées, dont la première atteint presque le sommet. L'autre, plus externe, monte moins haut, quoique s'élevant au-dessus de l'ambitus. Zone miliaire large, garnie de nombreux granules qui s'effacent en approchant du sommet, et dont quelques-uns, vers l'ambitus, atteignent presque la grosseur des tubercules secondaires.

Péristome assez enfoncé, subdécagonal, entaillé.

Rapports et différences. — Les exemplaires que nous venons de décrire nous semblent devoir être rapportés au *Pseudod. variolare*. Les différences qui leur sont propres ne suffisent pas pour caractériser une espèce nouvelle. Le péristome est un peu plus enfoncé que dans le vrai type, et la zone miliaire un peu moins large près du sommet, quoique aussi large à l'ambitus. Tous les autres caractères sont identiques. C'est de la variété *Roissyi* que nos échantillons se rapprochent le plus. Dans le *Pseudod. Malbosi*, la troisième rangée de tubercules interambulacraires est plus accentuée; le péristome est plus grand, la forme générale plus élargie. Les différentes variétés du *Pseudod. variolare* recueillies en Europe diffèrent certainement plus entre elles, que nos exemplaires ne diffèrent de celle qu'on rencontre dans le sud-ouest de la France.

Localité. — Dolat Azdin, à l'ouest de Bou-Saada. Couches intermédiaires entre l'aptien et le cénomanien ; étage albien ?

Collection Peron.

L'étage albien nous a fourni en outre quelques exemplaires incomplets, dont nous ne pouvons pas donner une description suffisante. — M. Thomas a recueilli à Berouaguiah un *Pseudodiadema* de petite taille, empâté dans la gangue. Les pores ne semblent pas se multiplier à la partie supérieure ; les tubercules interambulacraires sont peu développés et ne paraissent pas former plus de deux rangées.

M. Peron a trouvé à Dolat-Azdin, dans des couches intermédiaires entre l'aptien et le cénomanien, un fragment de gros *Echinobrissus* et les débris d'un *Pygurus*, dont le test paraît avoir été très élevé, et qui pourrait bien avoir quelque analogie avec le *Pygurus lampas*. Espérons que des recherches plus heureuses nous permettront un jour de donner une description plus détaillée de ces espèces.

www.ingramcontent.com/pod-product-compliance
Ingram Content Group UK Ltd.
Pitfield, Milton Keynes, MK11 3LW, UK
UKHW020210250726
13967UKWH00003B/1371